Jochen Veser

Pflanzenschutz im Garten

Jochen Veser

Pflanzenschutz im Garten

Ulmer

Inhalt

Diagnose von Pflanzenschäden 51

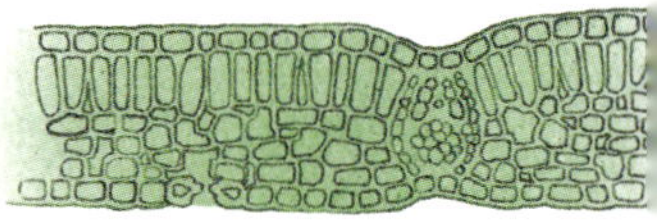

Basiswissen zum Pflanzenschutz

Pflanzen in der Natur sind zahlreichen Einflüssen ausgesetzt, die ihr Wachstum entweder fördern oder hemmen können. Häufig beeinflussen sich diese Faktoren gegenseitig und können sich sowohl in ihrer positiven als auch in ihrer negativen Wirkung verstärken. Überwiegen die wachstumshemmenden Einflüsse längere Zeit, stellen die betroffenen Pflanzenteile ihr Wachstum ein und können schließlich absterben.

Im Garten wird man den Kräften der Natur nur bis zu einem gewissen Grad freien Lauf lassen. Der Zeitpunkt, zu dem Gegenmaßnahmen eingeleitet werden, hängt vor allem vom Gärtner ab: Wann ist seine Toleranzschwelle überschritten und inwieweit kann er die Auswirkung des Schadfaktors abschätzen?

Bei Schadsymptomen an Gartenpflanzen spielen häufig nicht Krankheiten und Schädlinge die entscheidende Rolle. Stattdessen können Schäden oft auf grundsätzliche Pflanz- oder Pflegefehler zurückgeführt werden, die dem Gärtner aus Unwissenheit unterlaufen.

Pflanzenschutz – was heißt das?

■ Der Begriff „Pflanzenschutz" bezieht sich keinesfalls nur auf den Einsatz von Pflanzenschutzmitteln, um Krankheiten und Schädlinge direkt zu bekämpfen. Zeitgemäßer Pflanzenschutz umfasst alle Maßnahmen, die dazu beitragen, Schäden an Pflanzen zu minimieren. Das beginnt mit der Auswahl von geeigneten Pflanzenarten und -sorten für die speziellen Standortbedingungen im Garten und schließt alle kulturtechnischen, biotechnischen und biologischen Maßnahmen mit ein. Eine vitale Pflanze, die am geeigneten Standort wächst und bedarfsgerecht Wasser und Nährstoffe erhält, wird deutlich weniger von Krankheiten befallen oder von Schädlingen besiedelt. Sie kann einen Befall durch manche Schaderreger lange Zeit tolerieren. Allerdings gibt es einige Erkrankungen und Schädlinge, die bei entsprechend günstigen Vermehrungs- oder Infektionsbedingungen auch optimal gepflegte Pflanzen nachhaltig schädigen. In diesem Fall sind Pflanzenschutzmaßnahmen erforderlich; bevorzugt sollten biologische oder biotechnische Verfahren eingesetzt werden. Nur wenn auch dadurch keine Besserung erreicht wurde, kann der Einsatz von Pflanzenschutzmitteln in Erwägung gezogen werden. ■

▼ **Neben Wind, Temperatur, Besonnung und Bodenverhältnissen beeinflussen zahlreiche Krankheitserreger und die gärtnerischen Kulturarbeiten das Pflanzenwachstum.**

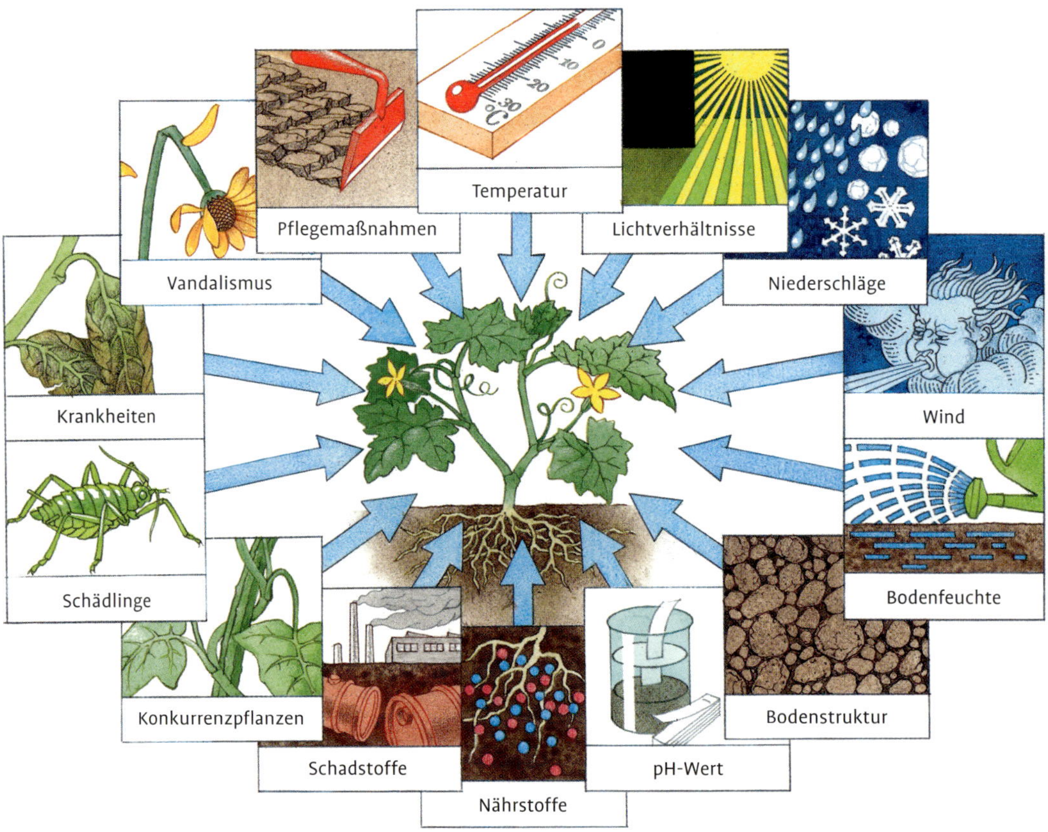

Unbelebte Einflussfaktoren

Pflanzen sind standortfeste Lebewesen. Sie haben keine Möglichkeit, sich ungünstigen Lebensbedingungen durch Flucht zu entziehen. Gewisse Grundkenntnisse über jene Faktoren, die das Wachstum beeinflussen, legen daher den Grundstein für ein langjähriges zufrieden stellendes Wachstum von Gartenpflanzen.

Entscheidend: die Temperatur

Pflanzenwachstum ist nur innerhalb bestimmter Temperaturgrenzen möglich. Stoffwechselvorgänge laufen erst ab einer Mindesttemperatur ab, die jeweils von der Pflanzenart abhängt. Unterhalb dieser **Minimumtemperatur** verharrt die Pflanze in einem Starrestadium, in dem zwar keine Stoffwechselvorgänge stattfinden, aber noch keine bleibende Gewebe- oder Enzymschädigung eintritt. Erst wenn die Temperaturen nochmals deutlich absinken, kommt es zum Pflanzentod.

Oberhalb der Minimumtemperatur nimmt die Wachstumsgeschwindigkeit bis zum Optimum zu, um bei darüber ansteigenden Temperaturen wieder abzunehmen. Bald erreichen die Pflanzen ihre artspezifische **Maximumtemperatur**, ab der kein Wachstum mehr möglich ist, weil viele für die Stoffwechselprozesse erforderliche Enzyme bei Gewebetemperaturen über etwa 35 °C geschädigt werden. Zunächst fallen die Pflanzen in eine Wärmestarre und wachsen bei sinkenden Temperaturen wieder weiter. Steigen die Temperaturen jedoch weit über die Maximumtemperatur an, wird das Pflanzengewebe dauerhaft geschädigt und die Pflanze stirbt ab.

Die Pflanzenauswahl für mitteleuropäische Gärten wird vor allem durch die artspezifische **Kälteresistenz** der Pflanzen begrenzt. Abhängig von ihrer natürlichen Herkunft werden manche Pflanzen schon bei kühlen Temperaturen über dem Gefrierpunkt nachhaltig geschädigt. Andere wiederum ertragen sogar Winterfröste unterhalb -50 °C.

Winterhärtezonen

Bei der Auswahl von Gehölzen für den Garten ist die Einteilung in Winterhärtezonen hilfreich, die eine Aussage über die langjährigen Tiefsttemperaturen in den einzelnen Regionen Mitteleuropas ermöglicht. Da es sich jedoch um Mittelwerte handelt, treten gelegentlich noch tiefere Tempe-

Winterhärtezonen in Deutschland und Beispielpflanzen

Zone	Frostverträglichkeit	gerade noch verwendbare Gehölze	Beispielsregion
5b	-26,0 °C bis -23,4 °C	Silber-Ahorn (*Acer saccharinum*), Ginkgo (*Ginkgo biloba*)	Hochalpen
6a	-23,3 °C bis -20,6 °C	Stern-Magnolie (*Magnolia stellata*), Duft-Schneeball (*Viburnum × carlcephalum*)	Hochschwarzwald
6b	-20,5 °C bis -17,8 °C	Fächer-Ahorn (*Acer palmatum*), Blumen-Hartriegel (*Cornus florida*)	Thüringer Wald
7a	-17,7 °C bis -15,0 °C	Lorbeerkirsche (*Prunus laurocerasus*), Schmuck-Mahonie (*Mahonia bealii*)	Oberschwaben
7b	-14,9 °C bis -12,3 °C	Blauglockenbaum (*Paulownia tomentosa*), Portugiesische Lorbeerkirsche (*Prunus lusitanica*)	Ostseeküste
8a	-12,2 °C bis -9,5 °C	Aukube (*Aucuba japonica*), Feige (*Ficus carica*)	Bodensee
8b	-9,4 °C bis -6,7 °C	Granatapfel (*Punica granatum*), Kamelie (*Camellia japonica*)	geschützte Lagen in Weinbaugebieten

raturen auf. Gehölze, die nach der jeweils höchsten Zonenbezeichnung ausgewählt wurden, können daher in einem Winter mit unterdurchschnittlichen Temperaturen Schäden davontragen. Wer dieses Risiko umgehen will, verzichtet besser auf Gehölze aus der jeweils höchstmöglichen Winterhärtezone.

Allerdings können auch Temperaturen innerhalb der artspezifischen Grenzen zu Schäden an Pflanzen führen. Entscheidend für die Auswirkungen der Temperaturen auf das Pflanzenwachstum ist die **Entwicklungsphase**, in der sich die Pflanze gerade befindet. So können auch Fröste oberhalb des artabhängigen Temperaturminimums nachhaltige Schäden an Gehölzen hervorrufen, wenn sich die Pflanzen im Herbst noch im Wachstum befinden. Auslöser für einen verspäteten Triebabschluss kann eine zu späte Stickstoffdüngung oder ein Nottrieb nach vorzeitigem Laubfall sein.

Längere Frostperioden im Laufe des Winters lösen Schäden an immergrünen Pflanzen aus, wenn ein vollständig durchgefrorener Wurzelballen kein Wasser aufnehmen kann. Die grüne Pflanzenoberfläche führt vor allem bei sonnigem Wetter und an windigen Standorten zu einem nicht unerheblichen Wasserverbrauch. Solche Frosttrocknisschäden treten häufig an Gehölzen in Trögen oder auf Dachgärten auf. Die Wurzelballen frieren hier viel schneller durch, weil das Erdvolumen deutlich geringer ist als bei Pflanzen, die in gewachsenem Boden wurzeln.

Im Frühjahr sind die **Blüten** früh blühender Gehölze durch Spätfröste gefährdet, sie können nach Frosteinwirkung verbräunen und es bilden sich keine Früchte mehr aus. Auch die zarten Austriebe können durch Spätfröste absterben und über die feinen Frostrisse am Gewebe dringen pilzliche oder bakterielle Schaderreger ein.

Niedrige Bodentemperaturen oberhalb des Gefrierpunkts verlangsamen oder behindern die Nährstoffaufnahme und führen so zu Mangelsymptomen an den Pflanzen. Bei besonders wärmebedürftigen Pflanzenarten wie vielen Zimmerpflanzen oder Gurken wird die **Wasseraufnahme** bei kalten Böden stark reduziert, so dass die Pflanzen trotz ausreichender Bodenfeuchte zu welken beginnen.

Niedrige Temperaturen während der Blüte von Obstgehölzen können für einen reduzierten Fruchtertrag verantwortlich sein. Bei kühler Witterung fliegen die für die **Bestäubung** notwendigen Bienen kaum, außerdem wächst der Pollenschlauch langsamer, eine Befruchtung wird dadurch unwahrscheinlicher. Besonders bei Aussaaten oder in der Stecklings-

▶ **Lichtmangel ist vor allem bei Zimmerpflanzen oder in der Überwinterung von Kübelpflanzen ein Problem. Zu wenig Licht führt zu einem starken Streckungswachstum der Internodien, die Triebe werden sehr lang und dünn; sie sind anfällig für Krankheiten und Schädlinge. Unten: Normal entwickelter Trieb.**

vermehrung wird durch zu tiefe Temperaturen die besonders empfindliche Keimlings- oder Bewurzelungsphase verlängert. Deshalb ist mit vermehrten Infektionen durch Schaderreger zu rechnen.

Extrem heiße Temperaturen vertragen die Pflanzen im Hochsommer deutlich besser als in den Frühjahrsmonaten, wenn sie sich in der intensiven vegetativen Wachstumsphase befinden. In Hitzeperioden wird das Wachstum meist eingestellt. Danach kann sich ein neuer Austrieb entwickeln, dem dann manchmal nicht mehr genügend Zeit zum Ausreifen bleibt.

Hitze wirkt im Garten meist in Verbindung mit Strahlung und Wassermangel schädlich. Allerdings ist die Wassermenge, die die Pflanze innerhalb eines Tages aufnehmen kann, durch die zur Verfügung stehende Wurzeloberfläche begrenzt. In Hitzeperioden gießt der besorgte Gärtner oft mehr, als die Pflanze an Wasser aufnehmen kann. Dadurch kommt es trotz Hitze zu **Vernässungsschäden** an den Pflanzen. Durch mehrere sehr warme Jahre in Folge können sich besonders wärmeliebende Schädlinge gut ausbreiten, die in durchschnittlichen Jahren kaum als Problemschädlinge auftreten.

Licht

Ohne Licht ist Pflanzenwachstum und damit alles Leben auf der Erde nicht möglich. Pflanzen benötigen das Licht als Energiequelle, um aus Wasser, Nährstoffen und Kohlendioxid organische Substanz aufzubauen. Außerdem lösen Lichtreize viele Entwicklungsvorgänge in der Pflanze aus – von der Keimung bis zur Blütenbildung. Schließlich beeinflusst die Lichtintensität und die Dauer der Belichtung auch die Wuchsform der Pflanzen: Sowohl die Beschaffenheit der Oberfläche als auch die Verzweigung hängen stark von der Belichtung ab.

▲ **Geraten im Schatten gewachsene Eibenzweige durch eine plötzliche Freistellung in die pralle Sonne, kommt es zu charakteristischen Sonnenbrandschäden.**

Im Garten leiden die Pflanzen vor allem dann unter **Lichtmangel**, wenn Pflanzungen mit den Jahren zu dicht werden und die zu eng beieinander stehenden Gehölze oder Stauden dadurch einen unnatürlichen, gestreckten Wuchs entwickeln. Besonders wenn man beabsichtigt, immergrüne Nadelgehölze zu pflanzen, sollte man die langfristige Entwicklung bereits bei der Planung berücksichtigen, um spätere Kahlstellen an den Kontaktbereichen zu vermeiden.

Zu hohe Lichtintensität kann zu Gewebe-Verbrennungen führen. Besonders gefährdet sind Kübelpflanzen nach der Überwinterung, weil sich in den meist lichtarmen Winterquartieren dünnere und weichere Blätter gebildet haben. An Freilandpflanzen entstehen Schäden durch zu hohe Lichtintensität vor allem nach dem Sommerschnitt, wenn im Schatten gewachsene Blätter auf einmal der prallen Sonne ausgesetzt sind.

Punkt- oder fleckenförmige **Verbrennungen** an Blättern entstehen nach der Einwirkung von hoher Lichtintensität in Verbindung mit nassen Pflanzenoberflächen. Die Wassertropfen auf der Blattoberfläche wirken dann wie Brenngläser, die das Licht bündeln.

Wasser

Wasser ist für Pflanzen nur zu einem geringen Teil als Baustoff erforderlich, es dient vor allem als Transport- und Lösungsmittel für Nährstoffe und Assimilate und um den Druck in den Zellen aufrechtzuerhalten. Der **Wasserbedarf** von

▲ **Nach einem Hagelschauer hängen vor allem an groß- und weichlaubigen Pflanzen zerrissene Blätter.**

Pflanzen hängt unter anderem von ihrer Verdunstungsoberfläche, der Temperatur und den Windverhältnissen ab.

Im intensiv genutzten Garten stehen meist sehr viele Pflanzen auf engem Raum. Für die Bestimmung der bedarfsgerechten Gießwassermenge und Bewässerungshäufigkeit kommt es daher auf den Wurzelraum an, der den einzelnen Pflanzen zur Verfügung steht. Bei Trogbepflanzungen oder Dachgärten haben die Pflanzen nur ein sehr stark eingeschränktes Bodenvolumen zur Verfügung, aus dem sie ihren Wasserbedarf decken können. Das gilt auch in den ersten Jahren nach einer Neupflanzung.

Krautige Pflanzen und Laubgehölze reagieren auf fehlendes Wasser sehr schnell mit **Welkesymptomen**. Dabei ist aber die Wassersituation in der Pflanze selbst entscheidend: Andauernder Wasserüberschuss im Boden führt zum gleichen Schadsymptom, weil die Wurzelspitzen durch den Sauerstoffmangel im Boden absterben. Sie können dann trotz ausreichender Bodenfeuchtigkeit kein Wasser mehr aufnehmen. Nadelgehölze zeigen unmittelbar nach dem Wassermangel keine Reaktion, erst mit größerer zeitlicher Verzögerung fallen die Nadeln im Kroneninneren ab.

Eine nicht artgerechte Wasserversorgung kann die ganze Pflanzengestalt ändern. So entstehen bei wiederholtem **Trockenstress** kleinere Blätter und kürzere Internodien. Dagegen bilden an Trockenheit angepasste Pflanzenarten bei zu hoher Bodenfeuchte sehr weiches, deutlich krankheitsanfälligeres Gewebe.

Niederschläge können direkt zu Schäden an Pflanzen führen. Hagel bewirkt Verletzungen an den Pflanzen, die Eintrittspforten z. B. für pflanzenschädliche Bakterien sein können. Starkregen führt vor allem bei lehmigen Böden zur Verschlämmung, die ungünstige Bodenstruktur behindert das Pflanzenwachstum. Im Winter belastet das Gewicht von Nassschnee oder Eisregen manche Gehölze, die unter der enormen zusätzlichen Last zusammenbrechen können.

Nährstoffe

Eine Vielzahl verschiedener Nährstoffe ist für das Wachstum der Pflanzen erforderlich. Nährelemente werden vor allem gelöst im Bodenwasser über die Wurzeln aufgenommen und an den Ort des Bedarfs transportiert. Die erforderlichen Nährstoffe stammen ursprünglich aus verwittertem Gestein oder gelangen durch absterbendes pflanzliches Material wie Laub oder Totholz in den Boden. Im Garten ist dieser **natürliche Kreislauf** nur bedingt nachzuempfinden, da meist wesentlich mehr Pflanzen auf engem Raum stehen und aus ästhetischen Gründen höchstens ein Teil des natürlich anfallenden organischen Materials auf dem Boden verbleibt.

Insbesondere beim Anbau von Gemüse, Obst oder bei Rasenflächen, wo regelmäßig Pflanzenmasse durch Ernte oder Mähen entfernt wird, müssen die Nährstoffvorräte im Boden durch gezielte **Düngemaßnahmen** wieder aufgefüllt werden. Diese dürfen aber keinesfalls nach Rezept erfolgen, sondern müssen individuell auf den Bedarf der jeweiligen Pflanzung abgestimmt werden.

Ob eine Düngung im Garten erforderlich ist, kann der erfahrene Gärtner anhand des Pflanzenwachstums abschätzen. Sicherheit bringt weniger geübten Gartenfreunden eine Bodenuntersuchung. Dazu werden an verschiedenen Stellen des einheitlichen Pflanzbeetes mehrere etwa spatentiefe Bodenproben entnommen und durchgemischt. Eine Hand voll Erde dieser Mischprobe wird im Labor untersucht. Aufgrund des Untersuchungs-Ergebnisses wird eine Düngeempfehlung ausgesprochen.

Nicht nur Nährstoffmangel begrenzt das Pflanzenwachstum, auch ein Überschuss an Nährstoffen kann zu direkten Schäden oder zu einer erhöhten Anfälligkeit gegenüber Schaderregern führen. Im Garten ist insbesondere eine übermäßige Stickstoffdüngung zu vermeiden. Sie führt zu einer erhöhten Anfälligkeit gegenüber vielen Pilzkrankheiten und Schädlingen, bei Gehölzen kann sie ein rechtzeitiges Ausreifen der Triebe verhindern. Auch das Verhältnis der Nährstoffe untereinander muss ausgewogen sein, da durch ein Überangebot mancher Nährstoffe die Aufnahme dringend benötigter Nährelemente blockiert wird.

Fällt die Düngung insgesamt zu hoch aus, übersteigt der Gesamtsalzgehalt des Bodens womöglich das pflanzenverträgliche Maß. In der Folge kommt es zu Verbrennungen an den Wurzelspitzen, die Pflanzen reagieren dann meist mit vertrockneten Blatträndern. Vor Düngemaßnahmen ist immer zu bedenken, dass regelmäßig zugeführte organische Mulchmaterialien und Kompost bereits erhebliche Nährstoffmengen zuführen.

◄ **Schäden durch Herbizide entstehen durch Eintrag von angrenzenden landwirtschaftlichen Flächen, aber oft werden Pflanzenschutzmaßnahmen im eigenen Garten unsachgemäß durchgeführt. Viele Unkrautbekämpfungsmittel schädigen unerwünschte Kräuter ebenso wie Kulturpflanzen. Wer Herbizide ausbringt, muss daher Nutz- und Ziergewächse sicher abschirmen.**

Schadstoffe

Wenn Schadstoffe aus der Luft auf Pflanzen einwirken, kann es zu direkten Schäden an den Pflanzen kommen. Oft aber treten Folgeschäden auf, weil der Wuchs durch die Immissionen geschwächt ist. Vor allem an der zur Straße weisenden Außenseite von Hecken kommt es immer wieder zu lokal begrenzten Schäden in Form von Gewebevertrocknungen. Als Ursache kommen die Abgase rückwärts parkender Fahrzeuge in Frage. Solche Schäden lassen sich meist recht eindeutig dem Verursacher zuordnen. Bei großräumigen Immissionen sind im Gegensatz dazu alle Pflanzen mehr oder weniger gleich stark beeinträchtigt. Die Schadursache ist meist nicht eindeutig zuzuordnen.

Pflanzenschäden entstehen außerdem durch das Einwirken von Herbiziden oder anderen pflanzenschädlichen Stoffen. Manchmal beruhen solche Schäden auf nicht ausreichend gereinigten Pflanzenschutzgeräten, wenn etwa Spritzungen gegen Krankheiten oder Schädlinge nach einem Herbizideinsatz durchgeführt werden. ■

Schadursachen eingrenzen

■ Erste Hinweise auf die in Frage kommenden Schadursachen liefert schon die Lokalisation der Schäden an den Pflanzen und innerhalb des Pflanzenbestandes. Zeigen viele artverschiedene Pflanzen ähnliche Schadsymptome, kann man fast immer von einer nichtparasitären Ursache ausgehen: Die meisten Schaderreger treten nur

◀ Je nachdem, welche Pflanzenteile betroffen sind, lassen sich bereits Rückschlüsse auf die Schadensursache ziehen. Schädigungen im Wurzelbereich betreffen die ganze Pflanze (oben), Gefäßkrankheiten oder Infektionen am Ast führen zum Absterben eines Triebes (Mitte). Bei Schaderregern am Laub bleiben Triebe und Knospen meist gesund (unten).

an einzelnen oder eng miteinander verwandten Pflanzengattungen auf. Bei frühzeitig entdeckten Schäden kann die Tabelle auf der gegenüberliegenden Seite helfen, gezielter nach den wahrscheinlichen Ursachen zu forschen.

Wer Pflanzen genauer untersucht, findet fast immer zahlreiche Milben und Insekten auf den Blättern, Trieben oder Ästen. Bevor man jedoch Maßnahmen gegen diese Gliedertiere ergreift, ist unbedingt zu prüfen, um welche Tierarten es sich handelt. Viele Gliedertiere nutzen die Pflanzen lediglich als Lebensraum, verursachen jedoch keinerlei Schäden. Mancher vermeintliche Schädling entpuppt sich nach einer **Bestimmung** sogar als Nützling, der Schaderregern nachstellt, so dass sich die direkte Bekämpfung erübrigt. Auch bei einer wissenschaftlichen Untersuchung lassen sich immer pilzliche und / oder bakterielle Organismen auf Pflanzenoberflächen oder in den Pflanzengeweben nachweisen.

Um eine fachgerechte Entscheidung für oder gegen eine Pflanzenschutzmaßnahme treffen zu können, muss aber bekannt sein, ob es sich tatsächlich um einen **Schaderreger** handelt. Kann er überhaupt für das festgestellte Schadsymptom ursächlich verantwortlich sein? Sind die nachgewiesenen Organismen nur als reine Schwächeparasiten bekannt, hat eine direkte Bekämpfung alleine keine Aussicht auf Erfolg. In solchen Fällen sind zunächst die **Wachstumsbedingungen** der geschädigten Pflanze zu überprüfen. Außerdem ist auch auf mögliche Schadfaktoren an anderen als den bislang untersuchten Pflanzenorganen zu achten. Erst wenn die wachstumshemmenden Einflüsse beseitigt wurden, kann manchmal eine direkte Bekämpfung der Sekundär-Schaderreger angezeigt sein.

Ursachenbestimmung anhand der Verteilung der Schadsymptome an der Pflanze

Schadumfang an der Pflanze	zu untersuchender Pflanzenteil	nur Einzelpflanze im Bestand betroffen	viele oder alle Pflanzen der gleichen Art betroffen
ganze Pflanze	Wurzel, Stammfuß, Stamm	Wurzelverletzung Anfahrverletzung eingewachsenes Ballentuch	Staunässe, Trockenheit Frost-, Hitzeschaden Bodenversalzung
		Hallimasch, *Phytophthora*, Wühlmaus-, Hasen-, Dickmaulrüssler-, Engerlingsfraß	
nur Kronenbereiche	Äste, Zweige	mechanische Verletzung eingewachsene Baumbindung	
		Triebsterben-Pilze, Triebbohrer, Rindenerkrankungen	
nur Laub, Triebe gesund	Blätter	Reaktion auf Wurzelschaden	Nährstoffmangel, -überschuss
		pilzliche oder bakterielle Blatterkrankungen, Schädlinge am Laub	
nur Blüten, Laub und Triebe gesund	Blüten, Blütenstiele		Spätfrost, Unverträglichkeit gegen Pflanzenschutzmittel
		Blütenfäule, Blütenstecher	
nur Früchte, Laub und Triebe gesund	Früchte		Hagelschaden Platzen von Kirschen in Regenperioden
		Fruchtfäulen, Fruchtwickler	

Allerdings ist es selbst nach einer Bestimmung des Schaderregers im Labor nicht immer möglich zu entscheiden, ob der nachgewiesene Erreger als echter Parasit oder lediglich als Schwächeparasit aufgetreten ist. Man unterscheidet zwischen:

- Mikroorganismen, die lediglich schon geschädigtes oder im Absterben begriffenes Pflanzenmaterial besiedeln (Saprophyten)
- Mikroorganismen, die eine Schwächung der Pflanze ausnutzen und nach der Besiedlung weitere Schäden verursachen (Schwächeparasiten)
- Mikroorganismen, die auch optimal versorgte Pflanzen befallen und schädigen (echte Parasiten).

Eine scharfe Trennung ist nicht möglich. Es kommt immer darauf an, die Wachstumsbedingungen am Standort, bisher durchgeführte Pflegemaßnahmen oder auch den Witterungsverlauf bei der Beurteilung eines Schadens zu berücksichtigen.

Toleranzgrenze. In jedem Fall, auch wenn echte Schädlinge oder Krankheiten nachgewiesen wurden, muss man eine Bekämpfungsmaßnahme und den möglichen Schädigungsgrad der Pflanze gegeneinander abwägen. Manche Schädlinge und Krankheiten verursachen vielleicht recht auffällige Symptome an ihren Wirtspflanzen, der tatsächliche Schaden für das Pflanzenwachstum ist aber nur gering. Ob der Gärtner in solchen Fällen direkte Maßnahmen ergreift, hängt in erster Linie davon ab, bis zu welchem Ausmaß er den Schaden toleriert.

Kaum jemand kontrolliert Gartenpflanzen täglich auf Krankheiten oder Schädlinge. Daher wird ein Schaden meist erst spät bemerkt – oft sind dann Gegenmaßnahmen aufgrund der Biologie der Schaderreger nicht mehr sinnvoll. Sind sol-

Schadbilder ohne nachhaltige Schädigung der Pflanze

Pflanze	Schaderreger	Schaden für die Pflanze
Laub-gehölze	Gallmilben, die Blattauswüchse verursachen	lediglich geringe Reduzierung der Assimilationsfläche, selten sekundärer Pilzbefall
Apfel	Schlangenminiermotte	kaum messbar
Eiche	Gallwespen am Laub	manchmal Blattfleckung
Ulme	Gallenläuse	kaum messbar

che Schaderreger aufgetreten, die man nur während eines sehr eng begrenzten Zeitraums wirkungsvoll bekämpfen kann, kommt es in den Folgejahren auf frühzeitige, gezielte Kontrollen an. Gegen manche Schaderreger sind grundsätzlich nur vorbeugende Maßnahmen möglich; abhängig von den Infektionsbedingungen und der genetisch bedingten Anfälligkeit der Pflanzen müssen diese schon vor den ersten Befallsanzeichen einsetzen. ■

Vorbeugende Maßnahmen

■ Viele Krankheiten und Schädlinge können Pflanzen dann besonders leicht befallen, wenn nicht optimale Wachstumsbedingungen die Wuchskraft beeinträchtigen. Entsprechend tragen eine standortgerechte Pflanzenauswahl, die fachlich korrekte Durchführung der Pflanzung und die bedarfsgerechte Pflege dazu bei, dass direkte Pflanzenschutzmaßnahmen kaum mehr nötig sind.

Herkunft der Pflanzen

Bei einer Neupflanzung spielt es eine maßgebliche Rolle, welche Wachstumsbedingungen am Naturstandort der ausgewählten Pflanzenarten herrschen. Dabei kommt es nicht nur auf die Klimazone an. Auch die natürlichen Standortbedingungen in Bezug auf Lichtgenuss, Luftfeuchte, Wind und Bodenart sollten mit den Bedingungen im Garten annähernd übereinstimmen. Handelt es sich etwa um einen parkähnlichen, mit alten Bäumen eingegrünten Garten mit nahezu ganztägiger Beschattung, fällt die Pflanzenauswahl zwangsläufig völlig anders aus als in einem Reihenhausgarten innerhalb eines Neubaugebiets ohne jegliche Randbepflanzung. Für eine auf lange Sicht pflegeleichte Gartenanlage ist aber nicht nur die Situation zum Pflanzzeitpunkt entscheidend: Bei der Pflanzenauswahl sollte man bereits die Entwicklung des Bestandes und die damit sich wandelnden kleinklimatischen Bedingungen berücksichtigen.

Einen ersten Hinweis auf die Standortbedingungen am Naturstandort gibt oft schon das äußere Erscheinungsbild der Pflanzen. Dickes, mit Wachsschichten oder starker Behaarung versehenes Laub wie bei Mauerpfeffer-Arten (*Sedum*) oder dem Woll-Ziest (*Stachys byzantina*) stellt eine Anpassung an die heißen, vollsonnigen Bedingungen am natürlichen Standort dar. Solche Pflanzen können ihre Schutzmechanismen in gewissem Maße an die Lichtverhältnisse anpassen, so dass sie unter weniger lichtintensiven Bedingungen weniger Haare bzw. dünnere Wachsschichten ausbilden. An zu schattigen Standorten zeigen sie aber nur einen schwachen Wuchs, entwickeln dünne, weiche Triebe und sind sehr anfällig für Schädlinge und Krankheiten.

Dagegen besitzen Stauden aus schattigen Wäldern oftmals sehr große, weiche Blätter, deren Wasserverbrauch an vollsonnigen Standorten viel zu groß wäre. Werden solche Schattenliebhaber an heiße, sonnige Plätze gepflanzt, kommt es nicht nur zu direkten Blattschäden, der chronische Wassermangel führt auch zu einer erhöhten Anfälligkeit gegenüber Schaderregern.

Den Standort verbessern

Im Garten besteht selbstverständlich die Möglichkeit, die vorgegebenen Standortbedingungen innerhalb gewisser Grenzen zu

Schaderreger, die nur während eines sehr engen Zeitraums wirksam zu bekämpfen sind

Pflanzenart	Schaderreger	Bekämpfungsmöglichkeiten
Radies	Kohlfliege	Beete nach der Aussaat mit Netzen abdecken
Pfirsich	Kräuselkrankheit	Fungizidspritzung nur im Spätwinter, wenn sich die Knospenschuppen lösen
Kirsche, Apfel u. a.	Monilia-Triebwelke	Fungizidspritzung nur während der Blütezeit möglich, bei erkannter Welke ist nur noch Rückschnitt sinnvoll
Kirsche	Kirschfruchtfliege	Fallen müssen vor der Gelbfärbung der Kirschen aufgehängt werden
Stauden und Gehölze	Gefurchter Dickmaulrüssler	biologische Bekämpfung durch Nematoden-Einsatz verspricht nur im Spätsommer oder Herbst Erfolg
Rosskastanie	Rosskastanien-Miniermotte	Blätter sofort nach Laubfall absammeln und vernichten

verändern und an die Ansprüche der Wunschpflanzen anzupassen. Durch die Pflanzung von „Ammenbäumen" lässt sich ein ursprünglich sonnig-heißer Garten zumindest langfristig in einen waldähnlichen Standort verwandeln. Umgekehrt sind gerade in kleinen, seit Jahren eingewachsenen Gärten oft gezielte Auslichtungsrodungen erforderlich, um wieder eine größere Artenvielfalt zu ermöglichen. Durch hohe Hecken wird ein ehemals windoffenes Gelände zu einem geeigneten Standort für empfindlichere Pflanzenarten. Dadurch eröffnen sich oft ganz neue Möglichkeiten der Gartengestaltung. Durch die Anlage eines Teiches oder Bachlaufs entstehen im Garten geeignete Wachstumsbedingungen für zahlreiche interessante Pflanzenarten.

Auch der Bau von **Überwinterungs-Einrichtungen** für nicht ganz frostharte Pflanzen kann das in Frage kommende Artenspektrum nochmals deutlich erweitern. Zum Schutz der Pflanzen vor Winterfrösten gibt es vielfältige Möglichkeiten. Im Hausgarten werden frostempfindliche Stauden oder Kleingehölze meist mit Fichtenreisig oder dicken Laubpackungen geschützt. Temporäre Gewächshäuser werden vor allem in Parkanlagen gebaut, um wertvolle Gehölze wie Kamelien sicher über den Winter zu bringen.

Der Boden als Verankerungsort der Pflanze und Ort der Wasser- und Nährstoffaufnahme durch die Wurzeln hat einen entscheidenden Einfluss auf das Pflanzenwachstum. Gerade die physikalische **Struktur des Gartenbodens** hat eine große Bedeutung für das Pflanzenwachstum und sollte vor einer Neuanlage genau analysiert werden. Fast alle Pflanzen reagieren sehr empfindlich auf länger andauernde Nässe im Boden. Sie führt zu Sauerstoffmangel an den Wurzeln und damit schnell zum Absterben der Feinwurzeln, die sowohl für die Wasser- als auch für die Nährstoffaufnahme notwendig sind. Einzige Ausnahme sind die Arten

▶ Fichtenreisig, das locker um einen frostempfindlichen Strauch gebunden wird, schützt vor Barfrösten.

von sumpfigen, also dauernassen Standorten. Besonders stark unter Staunässe leiden solche Pflanzen, die am natürlichen Standort lockere oder sogar steinige Böden bevorzugen. Die meist fleischigen Wurzeln solcher trockenheitsverträglichen Arten faulen sehr schnell und können dann ihre Funktion nicht mehr erfüllen. Über die Faulstellen dringen bald Krankheitserreger ein, die den Schaden noch vergrößern.

Bodenverbesserung. Liegt ein schwerer, lehmiger Boden vor und gibt es womöglich noch Verdichtungen durch vorangegangene Baumaßnahmen, wird man grobes mineralisches Material ausreichend tief in den Boden einarbeiten müssen. Dafür bietet sich z. B. Lavagranulat an, ein Material, das für extensive Dachbegrünungen eingesetzt wird. Dieses Granulat muss bei schweren Böden mindestens spatentief und mit einem Volumenanteil von etwa 20 bis 30 % in den Boden eingemischt werden.

Gute Bodenvorbereitung

Bei besonders nässeempfindlichen Pflanzenarten ist es wichtig, das Pflanzloch besonders tief auszuheben, auf die Pflanzlochsohle kommt dann eine etwa 10 cm dicke Dränageschicht aus Granulat. Dieses Vorgehen ist besonders bei Zwiebel- und Knollenpflanzen zu empfehlen. Diese faulen leicht in schweren Böden, schließlich stellen ihre Überdauerungsorgane eine Anpassung an die Trockenperioden am natürlichen Standort dar. Bestehende Pflanz- oder Rasenflächen kann man nachträglich entwässern. Dafür werden schmale, mit Kies oder Granulat verfüllte Dränagegräben in regelmäßigen Abständen gezogen. Selten weist der vorhandene Boden eine zu hohe Wasserdurchlässigkeit auf. Durch die regelmäßige Zufuhr von organischem Material wird die Wasserhaltekraft langfristig verbessert.

Bodenreaktion

Neben der Bodenstruktur beeinflussen auch chemische Bodeneigenschaften das Wachstum der Pflanzen. Vor allem der Säuregrad oder pH-Wert des Bodens hat einen entscheidenden Einfluss auf die **Verfügbarkeit** der im Boden vorhandenen Nährstoffe. Hohe pH-Werte um 7 oder darüber führen sehr schnell zur Festlegung von Spurenelementen wie z. B. Eisen, was dann zu charakteristischen Mangelsymptomen an den Pflanzen führt.

▶ **Gute Bodenvorbereitung bildet die Grundlage für einen guten Anwachserfolg. Die ausgehobene Erde wird mit geeignetem Pflanzsubstrat gemischt. Eine Dränageschicht auf der Sohle des Pflanzlochs verhindert Staunässe.**

Allerdings lässt sich der pH-Wert des Gartenbodens kaum verändern, eine gewisse Einflussmöglichkeit besteht in der Auswahl bestimmter Düngerformen. Meist müssen die im Boden festgelegten Spurenelemente durch geeignete Einzelnährstoffdünger zusätzlich zugeführt werden. Es kommt dann auf Düngerformulierungen an, die unter den gegebenen Bodenbedingungen tatsächlich von den Pflanzen aufgenommen werden. Akute Mangelsymptome lassen sich durch Blattdüngungen beheben.

Sortenwahl

Bei manchen Stauden und Gehölzen, vor allem aber bei Obst- und Gemüse-Arten, gibt es sowohl robuste als auch für bestimmte Schaderreger recht anfällige Sorten. Durch die Wahl widerstandsfähiger Sorten lassen sich Pflanzenschutzmaßnahmen weitgehend vermeiden. Vor dem Kauf von Saatgut oder Pflanzen lohnt es sich, Informationen zu den marktgängigen Sorten einzuholen.

Die unterschiedliche Anfälligkeit kann viele Ursachen haben. Schon eine dunklere Blattfarbe oder rötliche bis braune Farbtöne bewirken oft eine geringere Attraktivität für Blattläuse. Dunkellaubige Salatsorten werden deutlich weniger von Blattläusen besiedelt. Bei Kopfsalat hat auch die Wuchsform einen wesentlichen Einfluss auf die Infektionsgefahr durch bodenbürtige Schaderreger wie Salatfäulen: Besitzen die Köpfe aufrechte, nicht dem Boden aufliegende Umblätter, sind wesentlich weniger Infektionen zu beobachten. Auch Wachsschichten auf dem Laub führen zu einer verringerten Anfälligkeit für Pilzkrankheiten, da Niederschlags- oder Beregnungswasser schnell abperlt. Dadurch trocknet das Blatt deutlich schneller ab und Sporen von Schadpilzen können nicht keimen. In manchen Pflanzengeweben wurden außerdem Stoffe nachgewiesen, die das Auskeimen von Pilzsporen behindern.

Allerdings kann manche jahrelang bewährte und hoch widerstandsfähige Sorte nach einigen Jahren doch einen Befall zeigen: Schaderreger passen sich an veränderte Lebensbedingungen, zu denen auch die Anfälligkeit der Wirtspflanze gehört, rasch an. Ein solches Durchbrechen einer Resistenz ist immer dann zu erwarten, wenn eine Pflanzensorte gegen einzelne Rassen des Schaderregers vollständig resistent ist. Da eine Population von Schaderregern aber immer aus verschiedenen Rassen besteht, wird durch solche Sorten ein hoher Selektionsdruck

Pflanzenarten mit zahlreichen, unterschiedlich stark anfälligen Sorten

Pflanzenart	Wichtige Schaderreger
Gemüse	
Bohne	Virus, Brennfleckenkrankheit, Bohnenrost
Feldsalat	Falscher Mehltau
Gurke	Virus, Falscher Mehltau, Echter Mehltau
Möhre	Möhrenschwärze
Salat	Virus, Echter Mehltau, Blattläuse
Spinat	Falscher Mehltau
Tomate	Virus, Welkekrankheiten, Braunfäule
Obst	
Apfel	Schorf, Echter Mehltau, Krebs
Pflaume	Scharkavirus
Pfirsich	Kräuselkrankheit
Stachelbeere	Echter Mehltau, Blattfallkrankheit
Johannisbeere	Echter Mehltau, Blattfallkrankheit, Säulenrost
Himbeere	Wurzelfäule, Rutenkrankheit, Grauschimmel
Erdbeere	Welkekrankheit, Wurzelfäule
Zierpflanzen	
Glattblatt-Aster	Echter Mehltau
Rittersporn	Echter Mehltau
Sommeraster	Welkekrankheit
Rosen	Echter Mehltau, Sternrußtau, Rosenrost

auf die Schaderreger-Population ausgeübt. Mit der Zeit setzen sich ursprünglich wenig bedeutende, aber besonders aggressive Nebenrassen des Erregers durch, die Resistenz bricht zusammen. Erstrebenswerter sind daher Sorten, die zwar vom jeweiligen Erreger infiziert werden können, die unter normalen Wachstumsbedingungen aber unter dem Befall nicht leiden.

Pflanzzeitpunkt

Frostempfindliche einjährige Kulturpflanzen werden selbstverständlich erst nach den letzten Frösten ausgepflanzt. Auch bei frostharten Gartenpflanzen erreicht man durch den richtigen Pflanzzeitpunkt ein zügiges Anwachsen, wodurch sich die Gefahr von Infektionen durch Schwächeparasiten reduziert. Wurzelnackte Gehölze können ab dem Laubfall bzw. Triebabschluss im Herbst gepflanzt werden. Im Frühjahr erstreckt sich die Pflanzzeit etwa bis einschließlich April. Allerdings können sehr früh einsetzende Hitzeperioden im Mai dazu führen, dass spät gepflanzte wurzelnackte Gehölze wegen der noch fehlenden Wurzelmasse zumindest von den Spitzen her zurücktrocknen. Manchmal sterben sie trotz bedarfsgerechter Wasserversorgung ganz ab, weil die geringe Wurzelmasse nicht genügend Wasser aufnehmen kann.

Heute sind praktisch alle Gehölze auch als Containerpflanzen erhältlich, so dass eine Pflanzung grundsätzlich während des ganzen Jahres bei frostfreiem Boden möglich ist. Stauden werden fast ausschließlich in Töpfen gehandelt, man kann folglich nahezu das ganze Jahr über pflanzen. Kritisch sind die Hitzeperioden im Hochsommer, das Anwachsrisiko ist dann wegen der extrem hohen Transpirationsrate unnötig groß.

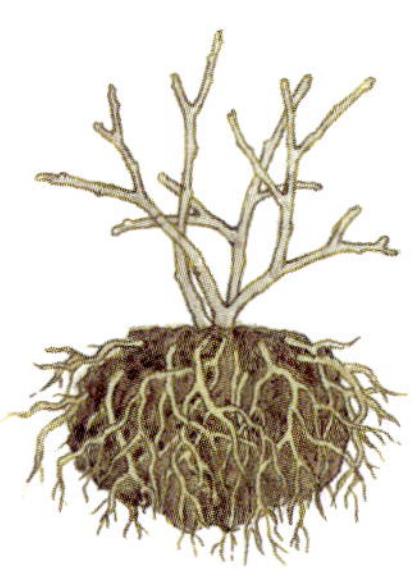

▶ Kleine Pflanzen besitzen im Vergleich zu größeren Sträuchern einen umfangreicheren Wurzelballen. Das Verhältnis zwischen Verdunstungsoberfläche und der die Wasseraufnahme begrenzenden Wurzelmasse ist günstiger.

Widerspricht der Pflanzzeitpunkt dem natürlichen Wachstumsrhythmus, stocken manche Pflanzenarten im Wachstum und wurzeln zögerlich ein. Vor allem immergrüne Gehölze sollte man nicht zu spät im Herbst pflanzen, damit sie vor dem Winter noch etwas einwurzeln können. Dadurch reduziert sich die Gefahr von Schäden durch Frosttrocknis im Winter.

Manche Staudenarten reagieren ebenfalls empfindlich auf einen falschen Pflanzzeitpunkt. In winterkalten Gegenden kann es bei Herbstpflanzungen zum Hochfrieren der frisch gepflanzten, noch nicht in den anstehenden Boden fest eingewurzelten Stauden kommen. Sie vertrocknen dann schnell. Als Faustregel für die meisten Staudenarten gilt, dass man Frühjahrsblüher im Herbst, Herbstblüher im Frühjahr pflanzt. Das entscheidende Kriterium für den Pflanzzeitpunkt sollte nicht die Ungeduld des Gärtners sein, sondern der natürliche Wachstumsrhythmus der Pflanzen!

Bei Gehölzen spielt nicht nur die Jahreszeit, sondern vor allem das Alter der Pflanze eine entscheidende Rolle für den Anwachserfolg. Je älter und damit größer das Gehölz schon ist, desto länger dauert die Anwachsphase am neuen Standort. Mit zunehmender Größe verschlechtert sich nämlich das Verhältnis zwischen Wurzel- und Kronenvolumen. Mit entsprechenden technischen Hilfsmitteln können zwar sehr große Gehölze erfolgreich verpflanzt werden, allerdings brauchen diese Großgehölze eine wesentlich längere und

Optimaler Pflanzzeitpunkt für Stauden

Pflanze	Pflanzung
Japanische Anemonen	Frühjahr
Katzenminze	Frühjahr
Margeriten	früher Herbst
Tränendes Herz	früher Herbst
Ziergräser	Frühjahr

gewissenhaftere Pflege im Anschluss an die Pflanzung.

Flächenwechsel

Vor allem bei den einjährigen Kulturen im Gemüsegarten hat ein **Fruchtwechsel** große Bedeutung, um Krankheiten und Schädlingen vorzubeugen. Die verschiedenen Gemüse-Arten werden jedes Jahr auf einem anderen Beet angebaut. Da die Pflanzen unterschiedliche Nährstoffansprüche haben, verhindert man so ein einseitiges Auslaugen des Bodens. Im biologischen Anbau pflanzt man Gemüse-Arten entweder zeitlich hintereinander oder in Mischkulturen an.

Beim Anbau in **Mischkultur** ist auf bestimmte Unverträglichkeit zwischen den verschiedenen Gemüse-Arten zu achten. Außerdem überdauern zahlreiche Krankheiten und Schädlinge im Boden. Wer die Anbauflächen nicht wechselt, muss im Lauf der Jahre mit zunehmenden Problemen durch Schaderreger rechnen. ■

▲ Bei manchen Schaderregern an Früchten lässt sich die Gefahr einer Infektion durch Pilze oder Bakterien deutlich verringern, wenn betroffene Früchte aufgesammelt und vernichtet werden. Da fruchtschädigende Insekten teilweise mehrere Generationen im Jahr entwickeln, lohnt es sich, im Frühjahr die besiedelten kleinen Früchte gewissenhaft aufzusammeln.

Technische Maßnahmen im Pflanzenschutz

■ Droht ein Krankheitsbefall oder befinden sich die Schädlinge schon auf den Pflanzen, können manchmal schon einfache Pflegemaßnahmen eine weitere Ausbreitung verhindern. Alles infizierte Material wird zunächst aus den Pflanzen oder Beständen entfernt. Manche Schädlinge lassen sich durch mechanische Einrichtungen abhalten. Solche einfachen und absolut giftfreien Maßnahmen versprechen aber nur innerhalb eines eng begrenzten Zeitraums Erfolg, man muss deshalb die Biologie der Schaderreger kennen. Durch das Entfernen geschädigter Pflanzenteile wird die weitere Verbreitung des Erregers nur dann verhindert, wenn er direkt die symptomzeigenden Triebe, Blätter, Früchte oder Blüten angreift.

Falllaub oder Fallobst entfernen

Zahlreiche Blatt- oder Nadelpilze überdauern die Wintermonate ausschließlich auf den abgefallenen Blättern oder Nadeln. Im Laufe des Winters entwickeln sich auf dem Falllaub in der Regel die geschlechtlichen Fruchtkörper der Hauptfruchtform. Diese entlassen während des Austriebs ihre staubfeinen **Sporen**. Gelangen diese durch Wasserspritzer oder Auf-

Der Entwicklungskreislauf mancher Schaderreger ist einfach zu durchbrechen

Erreger	Wirtspflanze	Maßnahme
Apfelschorf	Apfel	Falllaub bis Austrieb entfernen
Apfelwickler	Apfel	abgefallene kleine Früchte etwa im Juni/Juli aufsammeln und vernichten
Pflaumenwickler	Pflaume	abgefallene kleine Früchte etwa im Juni/Juli aufsammeln und vernichten
Kirschfruchtfliege	Kirsche	vollständige Ernte auch nach erkanntem Besatz
Sternrußtau	Rose	auch während der Vegetationsperiode befallenes Laub entfernen
Kiefernschütte	Kiefer	abgefallene Nadeln entfernen

winde auf das zarte, sich entwickelnde Blatt- oder Nadelgewebe, ist wiederum mit starken Schäden zu rechnen. Je höher die Sporendichte und je näher sich die Sporenlager am jungen Laub befinden, desto höher ist die Infektionswahrscheinlichkeit.

Wenn **Blattflecken- oder Nadelkrankheiten** auftreten, sollte man bereits im Herbst das Falllaub entfernen. Auch während der Vegetationsperiode kann es bei kleinen Bäumen oder Sträuchern sinnvoll sein, die geschädigten, noch an den Pflanzen befindlichen Blätter oder Nadeln zu beseitigen. Damit wird die Ausbreitung innerhalb einer Pflanze oder eines Bestandes eingedämmt. Sind jedoch schon fast alle Blätter befallen, leidet die Pflanze manchmal mehr unter der vollständigen Entlaubung als unter dem Schädlings- oder Krankheitsbefall.

Bei **intaktem Bodenleben** sind die meisten auf dem Boden liegenden Blätter bis zum nächsten Austrieb zersetzt und scheiden damit als Infektionsquelle aus. Manche Wirkstoffe in Pflanzenschutzmitteln schädigen die Regenwurmpopulationen nachhaltig und verringern damit die Zersetzungsgeschwindigkeit des anfallenden Laubs. Das gilt vor allem für die kupferhaltigen Fungizide und für manche Unkraut- und Moosvernichtungsmittel für die Anwendung auf Rasenflächen.

Wenn im Frühjahr noch möglicherweise infizierte Blätter im Umfeld der Gehölze liegen, können sie wie die abgesammelten Früchte kompostiert werden. Die Kompostmiete sollte sich nicht unmittelbar unter dem Wirtsbaum befinden und das infektiöse Material muss abgedeckt werden. Bei der **Kompostierung** werden auch die Vermehrungsorgane der Schadpilze abgebaut.

▶ Regenwürmer ziehen abgefallene, erkrankte Blätter in den Boden hinein. Dort werden sie zersetzt, so dass von ihnen keine Infektionsgefahr mehr ausgeht. Zahlreiche Regenwurmkothäufchen weisen auf ein intaktes Bodenleben hin.

Wirtswechselnde Schadorganismen

Schaderreger	Hauptwirt	Schaden	Nebenwirt	Schaden
Johannisbeersäulenrost	Johannisbeere	Blattflecken, unterseits auffällige Sporenlager, vorzeitiger Laubfall, Ertragseinbußen	Kiefern	orangerote Fruchtlager an Ästen, Äste sterben ab
Schwarze Kirschenlaus	Kirsche	eingerollte Blätter, eingetrocknete Triebe	Labkraut, Ehrenpreis	ohne Bedeutung
Johannisbeerwurzellaus, Ulmenblattrollenlaus	Ulme	bleiche Blattrollen	Johannisbeere	Läuse saugen an den Wurzel, gehemmtes Wachstum
Birnengitterrost	Wacholder	gallertartige Fruchtkörper an Ästen, mittelfristig sterben Äste ab	Birne	gelborangefarbene Blattflecken, vorzeitiger Laubfall, auch Fruchtbefall
Grüne Fichtengallenlaus	Fichte	Gallen an Triebbasis, Triebe können absterben	Lärche	Wollläuse, Saugschaden, Rußtaubildung

Wirtswechsel

Manche Schädlinge und Krankheiten benötigen zu ihrer vollständigen Entwicklung zwei artverschiedene Wirtspflanzen. Die einzelnen Stadien können sich nur auf der jeweils passenden Pflanzenart entwickeln. Fehlt eine dieser Wirtspflanzen im weiteren Umkreis, sind keine Schäden zu erwarten. Je näher die beiden Wirtspflanzen-Arten beieinander stehen, desto wahrscheinlicher sind stärkere Infektionen oder Besiedlungen. Allerdings können die staubfeinen Pilzsporen wirtswechselnder Schadpilze durch den Wind mehrere tausend Meter weit verfrachtet werden.

Wirtswechselnde Schadpilze befallen häufig eine Wirtspflanze dauerhaft, sie dient nach einer Erstinfektion auch ohne erneuten Befall solange als Infektionsquelle, bis die Wirtspflanze abstirbt. Wirtswechselnde Schädlinge müssen in der Regel beide Wirtspflanzen-Arten jedes Mal erneut besiedeln. Manche ursprünglich wirtswechselnde Schädlingsart konnte sich beim Fehlen einer Wirtspflanze soweit anpassen, dass sie einen unvollständigen Zyklus durchläuft und auf einer Wirtspflanze dauerhaft überleben kann.

Der Johannesbeersäulenrost wechselt zwischen Kiefer (Nebenwirt) und Schwarzer Johannisbeere (Hauptwirt). Dazu dienen die vom Wind verwehten staubfeinen Sporen.

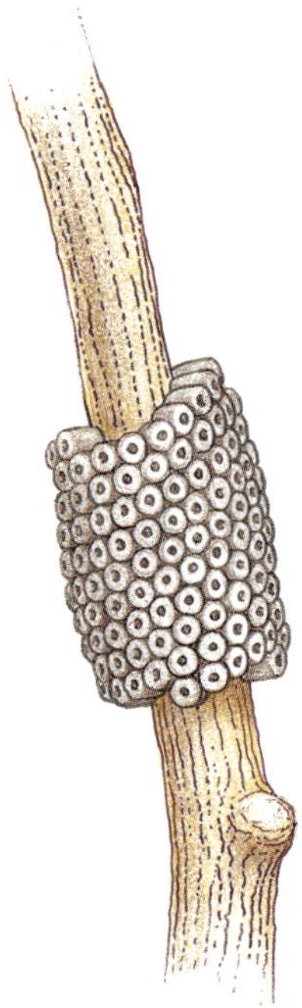

◀ **Charakteristische Eigelege von Schädlingen sind an unbelaubten Gehölzen im Winter leicht zu erkennen. Oben: Eigelege des Ringelspinners, unten: Eigelege des Schneeballblattkäfers.**

Die Schäden verringern sich, wenn man entweder ganz auf eine der beiden Wirtspflanzen verzichtet oder zumindest einen möglichst großen Abstand einhält. Zumindest im eigenen Garten sollten zwei zueinander passende Wirte nicht in unmittelbarer Nachbarschaft stehen. Die in den Nachbargärten vorhandenen Pflanzenarten sollten ebenfalls mit erfasst werden.

Eigelege oder Schädlingsnester vernichten

Viele Blattlaus-Arten, Schadschmetterlinge oder Blattkäfer-Arten überstehen die kalte Jahreszeit in Form widerstandsfähiger **Wintereier**. Diese werden im Herbst meist an geschützten Stellen der Triebe und Äste ihrer Wirtspflanzen abgelegt. Manche **Eigelege** sind sehr auffällig. Zumindest bei kleineren Gehölzen kann man sie während der winterlichen Pflege- oder Schnittarbeiten erkennen. Werden solche Gelege abgekratzt oder zerdrückt, verzögert sich zumindest die Erstbesiedlung im Folgejahr.

Eigelege von Schädlingen, die im Laufe der Vegetationsperiode ihre Eier an den Wirtspflanzen ablegen, sind schwerer zu entdecken. Bei regelmäßigen Kontrollen der Gartenpflanzen findet man sie gelegentlich an Blättern oder Trieben,

▲ **Größte Vorsicht ist beim Ausschneiden von Raupennestern der Prozessionsspinner geboten. Vor allem in Wäldern, manchmal aber auch in Gärten und öffentlichen Grünanlagen, sind die auffälligen, sackartigen Raupennester des Eichenprozessionsspinners am Stamm oder an Starkästen von Eichen zu finden. In diesen Nestern befinden sich auch nach der Verpuppung der Raupen unzählige Brennhaare, die zu Reizungen der Haut und der Schleimhäute führen. Diese Raupennester darf man deshalb nur mit entsprechender Schutzkleidung entfernen.**

die man zusammen mit den Gelegen vernichten kann. Eigelege dürfen aber nur dann zerstört werden, wenn sie eindeutig einem Schäd-

Eigelege von Schädlingen

Schädling	Wirtspflanze	Eigelege im	Eigelege
Blattläuse	verschiedene Wirtspflanzen	Winter	oft dunkle, glänzende Wintereier in lockeren Gelegen an den Trieben
Gespinstmotten	Laubgehölze, oft Schlehe, Kirsche, Apfel	Winter	flache, schuppenartig angeordnete Eier unter erhärtender Sekretschicht, Raupen schlüpfen schon im Herbst, bleiben unter harter Sekretschicht
Ringelspinner	Laubgehölze	Winter	Gelege umfassen die Triebe bandförmig
Goldafter	Laubgehölze	Juli, August	von hellbraunen Haaren bedeckte Gelege an Trieben und Ästen
Eichenprozessionsspinner	Eiche	Winter	Eigelege an Ästen, mit braunem Sekret überzogen
Schneeballblattkäfer	Schneeball	Winter	kugelige braune Eier, etwa 0,5 mm, oft in einem vom Käfer genagten Grübchen an einjährigen Trieben
Großer Kohlweißling	Kohlarten und verwandte Zierpflanzen	Mai, Juni	gelbe Eier mit gefurchter Oberfläche auf den Blattunterseiten

ling zuzuordnen sind, Eigelege von Nützlingen müssen geschont werden.

Manche Schädlinge halten sich zumindest zu Beginn der Besiedlung konzentriert an einzelnen Zweigen ihrer Wirtspflanzen auf. So lassen sich z. B. die Fraßschäden durch Gespinstmottenraupen (*Yponomeutidae*) auf einzelne Äste beschränken, indem man die Gespinstnester frühzeitig ausschneidet.

Auch bei einem so starken Schädlingsbesatz, der eine direkte Bekämpfung mit Pflanzenschutzmitteln erforderlich macht, ist es manchmal sinnvoll, vorher stark besiedelte Triebe oder Blätter auszuschneiden. Bei einem sehr starken Spinnmilbenbesatz müssen die dicht besiedelten Triebspitzen oder Blätter vor dem Spritzen des Akarizids entfernt werden.

▶ **Welkende Blätter und die hängende Triebspitze weisen auf einen Monilia-Befall hin. Wird der erkrankte Trieb frühzeitig ausgeschnitten, lässt sich die weitere Ausbreitung der Krankheit verhindern. Der Schnitt muss weit unterhalb des sichtbar erkrankten Gewebes ansetzen.**

Bekämpfung von Schaderregern durch Ausschneiden betroffener Pflanzenteile

Schaderreger	Wirtspflanzen	Maßnahme
Rotpustelpilz	alle Laubgehölze	großzügig ausschneiden, sobald der Schaden sichtbar wird
Monilia-Triebwelke	Kirsche, Apfel, Birne	sofort nach ersten Welke-Erscheinungen großzügig ausschneiden
Blütenstecher	Apfel, Himbeere, Erdbeere, Rose	abgeknickte oder vertrocknende Blüten vernichten
Rosentriebbohrer	Rose	so tief schneiden, dass im Querschnitt kein Bohrloch mehr erkennbar ist
Triebsterben	Thuja, Wacholder, Scheinzypresse	großzügig ausschneiden, sobald der Schaden sichtbar wird

Befallene Triebe ausschneiden

Rechtzeitiges Ausschneiden von befallenen Pflanzenteilen verhindert eine weitere Ausbreitung der Erkrankung oder die Entwicklung des Schädlings. Dabei ist zu bedenken, dass pilzliche und bakterielle Erreger meist schon wesentlich weiter im Trieb vorgedrungen sind, als es die Triebverfärbungen vermuten lassen. Der Schnitt muss je nach Schaderreger bis zu 50 cm unterhalb der sichtbaren Übergangsstelle zwischen gesundem und geschädigtem Trieb erfolgen. Die Tabelle nennt dazu einige Beispiele. ■

Schädlinge fern halten

■ Manche Schadtiere lassen sich durch Zäune und andere Barrieren abhalten. Sicheres Einzäunen von Gartengrundstücken zur Abwehr von Hasen, Kaninchen oder Rehen spielt vor allem im ländlichen Bereich eine Rolle. Daneben ist es möglich, einzelne Pflanzen oder Kulturen mit speziellen Barrieren vor dem jeweiligen Schädling zu schützen.

Schneckenabwehr

Im Gemüse- und Staudengarten verursachen Schnecken regelmäßig Schäden. Vor allem bei feucht-kühler Witterung können sie massenhaft auftreten. Geeignete Barrieren schützen besonders gefährdete Gartenbereiche wie Gemüse- und Sommerblumenbeete vor einer Besiedlung. Die oftmals propagierten **streufähigen Materialien** wie Koniferennadeln, Sägemehl oder Sand hindern die Schnecken höchstens bei Trockenheit am Überkriechen – allerdings sind dann kaum Schnecken unterwegs.

Die beste Wirkung erzielen **Schneckenzäune**. Gelegentlich werden Schneckenzäune nach dem Prinzip des Weidezauns angeboten. Wenn die Schnecken über die beiden Strom führenden Drähte kriechen, werden sie durch den leichten elektrischen Schlag zum Umkehren veranlasst. Diese Konstruktionen sind bei Nässe anfällig für Störungen durch Kurzschlüsse. Dagegen wirken mechanische Schneckenzäune witterungsunabhängig und verhindern die Zuwanderung von Schnecken – vorausgesetzt sie werden richtig aufgestellt und gepflegt.

Innerhalb der Umzäunung müssen die Schnecken einmal bekämpft werden. Sofern keine Brücken durch überhängende Zweige oder Gräser entstehen, wird eine erneute Zuwanderung sicher unterbunden.

Schutz vor Nagern und Wild

In ländlichen Gärten können auch manche Säugetiere Fraßschäden an den Kulturpflanzen verursachen. Dort müssen oft hungrige Hasen, Kaninchen oder Rehe von den Gartenpflanzen abgehalten werden. Wo ein Schutzzaun rund um das Grundstück nicht möglich oder gewünscht ist, brauchen zumindest die besonders gefährdeten Pflanzungen oder Einzelpflanzen Schutz. Auch einzelne Gemüsebeete können mit einem Zaun eingegrenzt werden.

Schneckenzäune haben eine nach außen zurückgebogene Oberkante, die Schnecken können diesen Überhang nicht überwinden. Die Schneckenzäune müssen ausreichend tief in den Boden eingegraben werden, damit kleine Schnecken sie nicht unterwandern.

Solange die im Garten stehenden Obstbäume noch keine dicke Borke ausgebildet haben, müssen **Wildverbiss-Spiralen** oder aus Draht gefertigte **Stamm-Manschetten** angebracht werden, um Fraß durch Hasen und Kaninchen zu verhindern. In schneereichen Gebieten muss man die maximale Schneehöhe berücksichtigen und entsprechend höhere Zäune und Verbissspiralen anbringen.

Wühlmäuse können große Schäden an Gartenpflanzen verursachen, diese Nager treten häufig auch in eher städtischen Gärten auf. Dort wo mit einer wiederholten Neubesiedlung des Gartens von benachbarten Wiesen zu rechnen ist, kann eine **unterirdische Umzäunung** des gesamten Gartens sinnvoll sein. Dazu müssen engmaschige verzinkte Drahtgeflechte lückenlos um das gesamte Grundstück mindestens 50 cm tief senkrecht eingegraben werden.

Ist dies nicht möglich, kann man einzelne, neu gepflanzte Gehölze oder Blumenzwiebeln schützen, indem man die Pflanzen in **Wühlmauskörbe** aus Drahtgeflecht setzt. Bei Bäumen oder Sträuchern müssen diese Drahtgeflechte oberhalb des Ballens bis zum Stamm bzw. zu den Basisästen zusammengezogen werden, damit die Wühlmäuse nicht von oben her eindringen. Die Drahtkörbe müssen am Stammfuß regelmäßig kontrolliert werden, der Draht darf das sekundäre Dickenwachstum des Stammes nicht behindern.

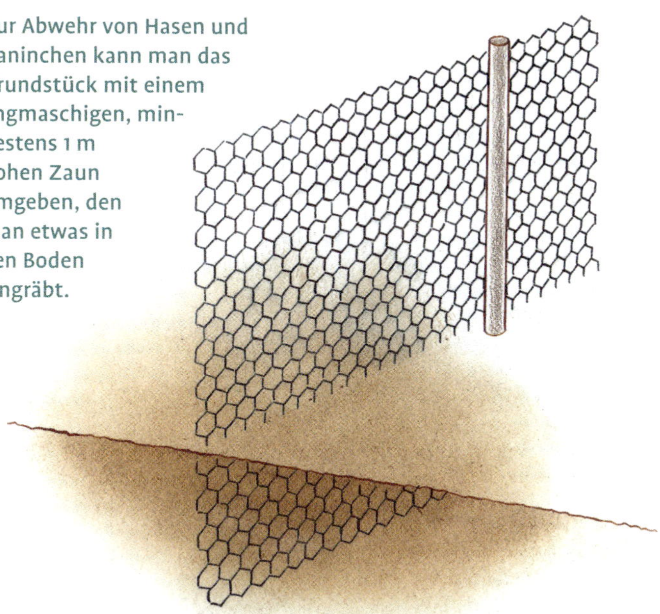

Zur Abwehr von Hasen und Kaninchen kann man das Grundstück mit einem engmaschigen, mindestens 1 m hohen Zaun umgeben, den man etwas in den Boden eingräbt.

Kulturschutznetze

Feinmaschige Kulturschutznetze schützen zahlreiche Gemüse-Arten vor Schädlingen. Um einen Schädling abzuwehren, werden sie zum richtigen Zeitpunkt – nach der Saat oder Pflanzung – über die Kulturen gelegt und rundherum eingegraben. Es genügt nicht, die Netze einfach nur mit Sandsäcken zu fixieren, wie es bei Verfrühungsvliesen oder Folien praktiziert wird. Die Insekten nutzen nämlich die kleinste Öffnung in der Bedeckung, um zu den Kulturen vorzudringen.

Während der Pflegearbeiten muss man die Netze kurzfristig zur Seite nehmen. Da sich die meist zarten Fliegen oder Falter bei Wind kaum in den Kulturen halten können, führt man Pflegearbeiten am besten bei windigem Wetter durch. Wer Kulturschutznetze erstmalig einsetzt, sollte auf alle Fälle die Anbaufläche wechseln. Die Gemüsefliegen überdauern als Puppen im Boden, sie könnten sonst auf kürzestem Wege die Kulturpflanzen sogar unter einer dichten Abdeckung besiedeln.

Mit Netzen schützt man auch reifendes Obst vor Vogelfraß. Bei nicht zu großen Kirschbäumen hat sich das vollständige Einnetzen bewährt. Die Vogelschutznetze werden dabei über die gesamte Krone gelegt, damit nirgendwo Vögel eindringen können. Das Netz muss unten am Stamm zugebunden werden. Die Vögel gelangen sonst von unten in die Baumkronen und fressen an den Früchten; sie finden aber meist nicht mehr heraus und verenden in den Netzen.

Glitzernde Bänder oder Folienstreifen können Vögel verscheuchen, allerdings tritt mit der Zeit ein gewisser Gewöhnungseffekt ein.

Leimringe gegen Schmetterlingsraupen

Gegen manchen Schädling wirken Barrieren, die man direkt an der Einzelpflanze anbringt. Gelingen kann dies nur bei nicht flugfähigen Entwicklungsstadien. Die bekannteste und seit vielen Jahrzehnten erfolgreich eingesetzte Methode richtet sich gegen Frostspanner (siehe Seite 135). Ebenso lassen sich die nächtlichen Wanderungen der Eichenprozessionsspinner-Raupen von ihrem Schlaf- zu einem benachbarten Futterbaum durch Beleimen von Stämmen verhindern.

Leimbarrieren halten außerdem Ameisen von Blattlauskolonien fern. Sie können die Läuse nicht mehr aktiv gegen Nützlinge verteidigen und natürlich vorkommende oder gezielt eingesetzte Nützlinge wirken effektiver.

Fallen

Wühlmäuse dezimiert man im Haus- und Kleingarten am besten mit Wühlmausfallen. Damit die Bekämpfung überhaupt Erfolg hat, muss man die Fallen frühzei-

▶ **Vogelschutznetze schützen reifendes Obst vor Vogelfraß. Sie müssen die gesamte Krone gut umschließen.**

▼ **Kulturschutznetze haben sich gegen Gemüsefliegen wie Kohlfliege, Möhrenfliege, Zwiebelfliege und Falter wie Lauchmotte sehr gut bewährt. Engmaschige Produkte verhindern sogar eine Besiedlung von Kopfsalat durch Blattläuse.**

▶ **Pheromonfallen werden häufig als Diagnosehilfe genutzt, um den Flugzeitpunkt und damit den optimalen Zeitraum für die Bekämpfung der Schädlinge mit Insektiziden zu bestimmen.**

tig bei einem geringen Besatz aufstellen – und nicht erst, nachdem es bereits zu einer Massenvermehrung gekommen ist. Am besten werden die Fallen zwischen Spätherbst und frühem Frühjahr eingesetzt. Die Bekämpfungsaktion sollte so großflächig wie möglich und in Absprache mit den Nachbarn durchgeführt werden.

Legt man flache Steine oder Brettchen auf dem Boden aus, verstecken sich die nachtaktiven erwachsenen Dickmaulrüssler darunter, man kann sie dann absammeln. Auch Nacktschnecken nutzen solche Verstecke. Man kann sie dort tagsüber bequem absammeln.

Viele Insekten finden über bestimmte Farbreize zu ihren Futterpflanzen. Farbtafeln, die mit einem zähen, dauerhaft klebefähigen Leim bestrichen sind, machen sich dies zunutze. Setzen sich die Insekten auf die beleimten Farbtafeln, bleiben sie dort kleben und verenden. Blautafeln werden im Gewächshaus zum Fang von Thripsen eingesetzt, die meisten Insekten werden aber durch gelbe Farbtöne angelockt.

Beleimte Farbtafeln dienen häufig nur als Diagnosehilfe, zum Mas-

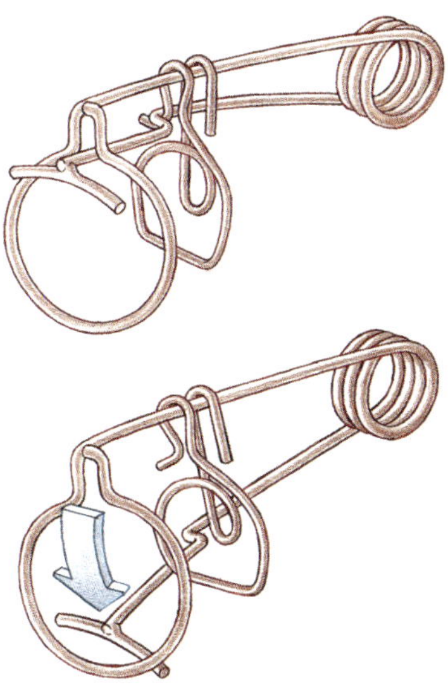

▼ **Im Handel sind Wühlmausfallen verschiedener Bauweisen erhältlich. Bei den Schlagfallen (links und rechts) löst die Wühlmaus einen Mechanismus aus und wird in der Falle erschlagen. Wer dagegen Lebendfallen verwenden möchte, sollte zuvor klären, was mit den erfolgreich gefangenen, lebenden Wühlmäusen geschehen soll!**

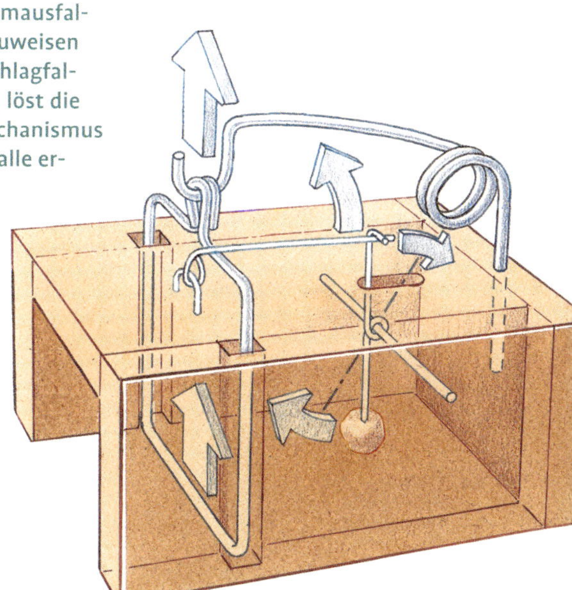

senfang braucht es sehr viele Farbtafeln. Die Färbung der **Gelbtafeln** wirkt nur sehr unspezifisch und lockt die unterschiedlichsten Insekten an. Viele indifferente oder sogar nützliche Insekten verenden ebenfalls auf den beleimten Farbtafeln. Die Gelbtafeln sollten immer nur so lange in den Pflanzenbeständen verbleiben, wie es zur Diagnose oder zur Bekämpfung des Schädlings erforderlich ist. Der Zeitraum, in dem man sie aufhängt, muss auf den Entwicklungskreislauf der Zielorganismen abgestimmt sein.

Insekten orientieren sich häufig mit Hilfe artspezifischer Duftstoffe. Inzwischen konnten sehr viele dieser so genannten Pheromone entschlüsselt und künstlich hergestellt werden, um sie in **Pheromonfallen** einzusetzen. Die Schädlinge werden durch die synthetisch hergestellten Duftstoffe, die sich in kleinen Dispensern befinden, in Fallen gelockt, wo sie schließlich verenden. In der Forstwirtschaft werden derartige Fallen gegen verschiedene Arten des Borkenkäfers eingesetzt, im Obstbau bestimmt man auf diese Weise den Flugzeitraum der Fruchtwickler. Auch für den Massenfang der Rosskastanien-Miniermotte sind inzwischen mit Pheromonen bestückte Trichterfallen auf dem Markt.

Der Massenfang des Schädlings und damit die direkte Absenkung der Individuenzahl gelingen nur, wenn sehr viele Fallen eingesetzt werden. Aus wirtschaftlichen Gründen erscheint dies meist nicht sinnvoll. Pheromonfallen werden deshalb häufig als **Diagnosehilfe** genutzt, um den Flugzeitpunkt und damit den optimalen Zeitraum für die Bekämpfung der Schädlinge mit Insektiziden zu bestimmen. Im Weinbau werden Pheromone vor allem zur Verwirrung von Traubenwicklern eingesetzt. Die männlichen Falter können in der synthetischen „Duftstoffwolke" die Weibchen nicht mehr finden, die Begattung und Eiablage wird zuverlässig verhindert.

Auch Schnecken lassen sich mit **Lockstoffen** bekämpfen. Dafür eignen sich verschiedene Pflanzenarten wie Studentenblumen oder Gelbsenf bzw. selbst produzierte Köder aus Weizenkleie und eingeweichtem Katzenfutter. Diese Köder locken Schnecken in Massen an; man kann sie absammeln und vernichten. Lockstoff-Fallen können nur in einem umgrenzten Gartenbereich erfolgreich eingesetzt werden. Eine Zuwanderung aus benachbarten Grundstücken oder Gartenbereichen darf nicht möglich sein. Mit dem Köderverfahren kann man aber ein mit einem Schneckenzaun versehenes Beet von einer Schneckenpopulation befreien. ■

▼ **Mit Bier gefüllte Fallen helfen bei der Schneckenbekämpfung. Als Fangbehälter kommen Gläser oder Becher in Frage, die in den Boden eingegraben werden. Der obere Rand sollte noch etwa 2 cm über die Bodenoberfläche herausschauen, um am Boden lebende Insekten wie z. B. Laufkäfer nicht zu gefährden.**

Biologischer Pflanzenschutz

In der vom Menschen unbeeinflussten Natur wird die Entwicklung jedes natürlich vorkommenden Schädlings von zahlreichen natürlichen Feinden begrenzt. Abhängig von den Umweltbedingungen können die Schädlinge zeitweise die Oberhand gewinnen, mittelfristig vermehren sich deren Gegenspieler aber so stark, dass die Schäden begrenzt bleiben. Nie werden alle „Futtertiere“ vollständig vernichtet. Das wäre auch nicht sinnvoll, denn dann würde die Lebensgrundlage für den jeweiligen Gegenspieler fehlen. Diese natürliche Regulierung kann dann nicht funktionieren, wenn neue Schädlingsarten durch den internationalen Pflanzenhandel in die Natur gelangen oder Nützlingspopulationen durch menschliche Einflüsse drastisch zurückgehen.

Nützlingsförderung

Der Gärtner sollte alle Möglichkeiten nutzen, um natürlich vorkommende Nützlinge zu schonen und zu fördern. Dies ist aber nur möglich, wenn die Nützlinge als solche erkannt werden. Zumindest so wichtige Nutzinsekten wie Marienkäfer, Schwebfliege oder Florfliege sollten dem verantwortungsbewussten Gärtner in allen ihren Entwicklungsstadien bekannt sein! Außerdem ist bei allen gärtnerischen Kulturmaßnahmen zu bedenken, inwieweit sie sich auf die Nützlingsfauna auswirken könnten. Der Einsatz von Pflanzenschutzmitteln muss sich auf das notwendigste Maß beschränken, die eingesetzten Präparate müssen so weit es geht die Nützlinge schonen.

Nur wenn auch im Garten geeignete Lebensräume geschaffen werden, können sich Nutzorganismen ansiedeln. Nützlinge vermehren sich erst gut, wenn genügend Nahrung vorhanden ist. Daher muss man in einem naturgemäß bewirtschafteten Garten einen gewissen Schädlingsbesatz an den Pflanzen tolerieren.

Viele **Vogelarten** ernähren sich nahezu ausschließlich von Insekten und deren Larven, aber auch Körnerfresser wie der oft ungeliebte Feldsperling füttern ihre Küken mit Insekten. Insektenfresser sind manchmal zu beobachten, wie sie in Gehölzen ganze Kolonien von Blattläusen aufpicken. Daneben erbeuten sie Raupen, Wanzen und Schmetterlinge. Die meisten Singvögel nehmen zeitweise pflanzliche Nahrung in Form von Beeren oder Sämereien zu sich. Man kann sie daher fördern, indem man ge-

▼ **Vögel nehmen gern Nisthilfen im Garten an. Unterschiedliche Bauweisen sorgen für ein vielfältiges Artenspektrum. Während Blau- und Kohlmeisen in geschlossenen Kästen nisten, brüten Rotkehlchen und Grauschnäpper in Halbhöhlen (links). Der Gartenrotschwanz bevorzugt ovale Einfluglöcher (Mitte). Für den Zaunkönig sind im Handel spezielle Nistkugeln erhältlich (rechts).**

eignete Vogelnährgehölze anpflanzt. Dazu zählen Felsenbirne, Kornelkirsche, Felsenmispel, Weißdorn oder Liguster. Höhlenbrüter wie Meisen lockt man mit passenden Nistkästen in den Garten, Freibrüter wie Grasmücken benötigen dichte Hecken oder Gestrüppe, in denen sie ihre Nester bauen können. Greifvögel als natürliche Feinde kleiner Säugetiere wie der Wühlmaus holt man in ländlichen Gebieten mit Ansitzstangen in den Garten. Auch für Eulen-Arten gibt es spezielle Nistkästen.

Nachtaktive **Schadinsekten** sind aufgrund ihrer Lebensweise nur wenigen Angriffen von Nützlingen ausgesetzt. **Fledermäuse** machen in der Dunkelheit Jagd auf viele schädliche Falter wie Apfel- und Pflaumenwickler, Spanner-Arten oder Eulenschmetterlinge, aber auch Käfer, Mücken, Schnaken und Fliegen. Weil ihre Tages- und Überwinterungsquartiere so sehr schwinden, sind alle heimischen Fledermaus-Arten in ihrem Bestand gefährdet oder sogar vom Aussterben bedroht. Als Sommerquartiere nutzen die meisten Arten Dachstühle. Durch entsprechende Öffnungen werden sie für die Fledermäuse zugänglich. Als Winterquartiere dienen meist Höhlen oder alte Keller. Im Handel sind spezielle Fledermauskästen erhältlich, die den Tieren als Sommer- und Winterquartiere dienen.

Igel vertilgen bodenbewohnende Insekten und deren Larven sowie Schnecken. Die dämmerungs- und nachtaktiven heimischen Kleinsäuger sind tagsüber und für den Winterschlaf auf dichte Hecken oder Laub- und Reisighaufen angewiesen, wo sie ihre Nester bauen. Im Handel sind Igelkuppeln erhältlich, die sich gut als Verstecke eignen. Wer Igel in Gärten ansiedeln möchte, muss für Durchlässe im Zaun sorgen, da Igelquartiere sehr groß sind und sich immer über mehrere Gärten erstrecken.

◀ **Ein Igelhaus lässt sich leicht aus Holzlatten zimmern. Das abgeschrägte Dach erhält eine Abdeckung aus Dachpappe oder Teichfolie. Die Zugangsöffnung für den Igel sollte zum Schutz vor Regen gegen die Hauptwindrichtung zeigen. Stellt man das Igelhaus auf eine befestigte Unterlage, lässt sich im Frühjahr der Inhalt einfach wegkehren.**

Da offene Schächte mit senkrechten Wänden häufig zu Todesfallen für die Igel werden, sollte man sie abdecken. Igel können sich auch aus Teichen mit steil abfallendem Ufer nicht mehr selbst befreien. Liegen aber große Steine im Uferbereich, finden die in den Teich geratenen Igel selbst wieder heraus. Junge Igel, die man im Spätherbst findet, sollte man nur dann ins Haus holen, wenn sie leichter als 700 g sind. In Zweifelsfällen informieren Naturschutzverbände über die richtige Vorgehensweise.

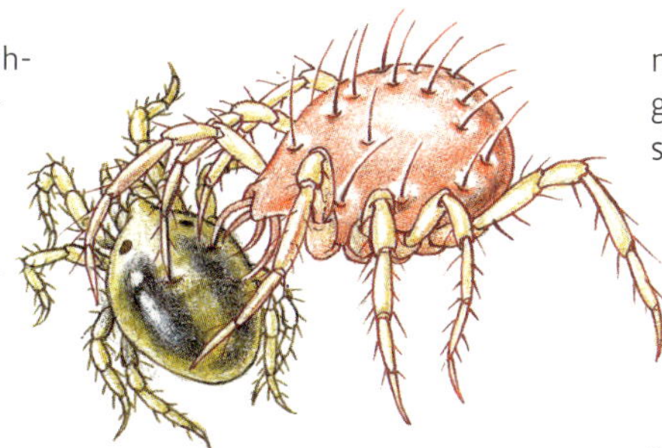

▲ **Eine Raubmilbe ergreift eine Spinnmilbe und saugt sie aus. Untersucht man ein Blatt, kann man die Raubmilben daran erkennen, dass sie deutlich aktiver sind als die eher trägen Spinnmilben.**

Auch der Speiseplan der Erd- und Kreuzkröten beinhaltet viele Schadinsekten. Sie erbeuten z. B. Kartoffelkäfer und dezimieren Eulenraupen. Die dämmerungs- und nachtaktiven Kröten benötigen tagsüber Verstecke unter Steinen oder Brettern. Sie siedeln sich nur in der Nähe geeigneter Laichgewässer an. Ein Gartenteich hat somit nicht nur dekorativen Wert, sondern fördert zugleich die Vielfalt des Tierlebens. Kreuzkröten sind im Gegensatz zu Erdkröten nicht an ihr ursprüngliches Laichgewässer gebunden und lassen sich daher besser im Garten ansiedeln.

Nicht alle Spinnen bauen Netze, viele Arten erbeuten ihre Nahrungstiere, indem sie ihnen nachstellen. Dazu gehören die am Boden lebenden Spring- und Wolfsspinnen oder die auf Pflanzen lebenden Krabbenspinnen, die sich der Färbung des Untergrunds perfekt anpassen und so gut getarnt auf Beutetiere lauern.

▼ **Auch Eidechsen und Blindschleichen fressen Insekten und deren Larven, außerdem vertilgen sie Schnecken. Eidechsen lieben warme, trockene Lebensräume, nach Süden ausgerichtete Trockenmauern werden rasch besiedelt. Blindschleichen halten sich dagegen eher in schattigen, feuchten Gartenbereichen auf und nutzen Reisig- oder Laubhaufen, Holzbretter oder Erdhöhlen als Verstecke.**

▼ **Die große Bedeutung von Spinnen als Vertilger von Insekten wird deutlich, sobald man ein filigranes Spinnennetz genau betrachtet. Dort sind sehr viele flugfähige Insekten zu finden, die sich darin verfangen haben, darunter auch Schädlinge wie geflügelte Blattläuse, Gallmücken oder schädliche Fliegen. Spinnennetze sollte man schonen, geeignete Versteckmöglichkeiten finden Spinnen etwa in organischen Mulchmaterialien.**

Dieses Eigelege stammt von einer Florfliege. Die erwachsenen Tiere besitzen glasige Flügel und goldglänzende Augen. Im Herbst findet man sie manchmal in Häusern, wo sie nach Überwinterungsquartieren suchen.

Schwebfliegen legen ihre Eier in der Nähe von Blattlauskolonien ab. Die Larven ähneln manchmal einer kleinen Nacktschnecke und vertilgen sehr viele Blattläuse.

Erwachsene Marienkäfer und ihre Larven ernähren sich vorwiegend von Blattläusen. Die gelben Eier findet man oft in kleinen Gruppen auf Blättern, sie müssen unbedingt geschont werden.

Häufig vorkommende nützliche Insekten

Nützling	Nützliche Stadien	Beutespektrum	Bemerkungen	Förderung durch
Libelle	Imagines (erwachsene Tiere)	fliegende Insekten wie Fliegen, Mücken, Schmetterlinge, Käfer	Larven entwickeln sich im Wasser, leben dort räuberisch von Insektenlarven, Kaulquappen, kleinen Fischen	Teich anlegen
Ohrwurm	Larven und Imagines	Blattläuse, Spinnmilben, kleine Raupen, Insekteneier	nachtaktiv, selten auch Fraß an zartem Pflanzengewebe	Hecken, Versteckmöglichkeiten bieten, z. B. mit Holzwolle gefüllte Blumentöpfe an Äste binden, Schlafröhren oder Schlafsäcke im Handel erhältlich
Raubthrips	Larven, Nymphen und Imagines	Spinnmilben, Thripse, Weiße Fliegen, Blattsauger, Blattläuse		möglichst wenig Pflanzenschutzmittel einsetzen
Räuberische Wanze	Larven, Imagines	Blattläuse, Blattflöhe, Zikaden, kleine Raupen	erbeuten manchmal auch Nützlinge	Hecken, naturnaher Garten
Florfliege	Larven	Milben, Blattläuse, Zikaden, Thripse, kleine Raupen, Käferlarven	Imagines ernähren sich von Nektar oder Honigtau	Hecken, Überwinterungsquartiere anbieten, z. B. im Handel erhältliche Florfliegenkästen aufstellen
Laufkäfer	Larven und Imagines	bodenbewohnende Insekten und deren Larven, auch Schnecken	oft unerwünschter Beifang in nicht sachgerecht aufgestellten Schneckenfallen	Hecken, Laubmulch
Weichkäfer	Larven und Imagines	Larven: am Boden lebende Insekten, Imagines: Blattläuse, Raupen		Hecken, blühende Doldengewächse wie Wilde Möhre oder Fenchel
Marienkäfer	Larven und Imagines	Blattläuse, manche Arten auch auf Schildläuse, Schmierläuse oder Spinnmilben spezialisiert	Imagines mancher Arten benötigen auch Pollen und Nektar	Hecken, Steinhaufen, morsches Holz zur Überwinterung

Nützling	Nützliche Stadien	Beutespektrum	Bemerkungen	Förderung durch
Solitärwespe	Imagines füttern die Larven	spezialisiert auf einzelne Beutetier-Arten, z. B. Spanner- und Eulenraupen, Käferlarven	Imagines ernähren sich auch von Pollen, Nektar, Honigtau	Nistmöglichkeiten in Form von Nisthölzern, Stroh- oder Zweigbündeln (z. B. Holunder) an windstillen, sonnigen Plätzen anbieten
Soziale Wespe	Imagines füttern die Larven	Insekten und deren Larven, wenig spezialisiert	auch Früchte als Nahrung, hier manchmal schädlich	Hornissenkästen (nicht in Hausnähe)
Räuberische Gallmücke	Larven	Blattläuse	Imagines ernähren sich von Honigtau	möglichst wenig Pflanzenschutzmittel einsetzen
Schwebfliege	Larven	Blattläuse	Imagines ernähren sich von Nektar, Pollen oder Honigtau	Nahrungsangebot für die Imagines durch Blütenpflanzen, z. B. Ringelblume
Schlupfwespe	Larven entwickeln sich in oder an den Wirtstieren	hoher Spezialisierungsgrad: Schmetterlingseier oder -raupen, Blattläuse, Schildläuse, Mottenschildläuse, Käfereier oder -larven, Wanzeneier	Imagines ernähren sich meist von Pollen, Nektar, Honigtau, Imagines nehmen manchmal Körperflüssigkeit der Wirtstiere auf	Unkrautbestände als Lebensraum für Ausweichwirte belassen, z. B. Brennnessel

Unter den Milben gibt es nicht nur pflanzenschädigende Arten wie Spinn- oder Gallmilben. Viele **Raubmilben-Arten** leben im oder auf dem Boden oder besiedeln Pflanzen, um dort nach Beutetieren zu jagen. Im Garten haben besonders die auf den Pflanzen lebenden Arten eine große Bedeutung für die Vertilgung von Spinnmilben, Gallmilben, Weichhautmilben, Thripsen und kleineren Blattlausstadien.

Viele Raubmilben passen ihr Jagdverhalten der Beutedichte an: Finden sie vereinzelte Beutetiere, saugen sie diese vollständig aus, bei großem Nahrungsangebot stechen sie ihre Beute nur an und wenden sich sehr schnell dem nächsten Opfer zu. Da sich viele Raubmilben in beutefreien Zeiträumen von Pollen ernähren, fördern kräuterreiche Unterpflanzungen den Raubmilbenbesatz.

Zahlreiche Insekten fangen oder parasitieren andere kleine Gliedertiere. Bietet ein Garten entsprechende Nahrungs- und Brutmöglichkeiten, siedeln sich solche Nützlinge bald an. Bei manchen Insekten-Arten ernähren sich nur bestimmte Entwicklungsstadien räuberisch; im Laufe ihrer Entwicklung sind sie noch auf andere, oft pflanzliche Nahrungsquellen angewiesen.

Nützlingseinsatz

Inzwischen vermehren Spezialfirmen eine Vielzahl von Nützlingen, die man gezielt zur Bekämpfung von Schädlingen einsetzt. Vor allem im gärtnerischen Anbau unter Glas hat sich der Nützlingseinsatz in manchen Kulturen inzwischen etabliert. Für den Hobbygärtner kann sich ein gezielter Nützlingseinsatz vor allem im

Wintergarten oder Kleingewächshaus lohnen. Dagegen gibt es im Freiland nur wenige Möglichkeiten, um Schädlinge durch den gezielten Einsatz von Nützlingen zu bekämpfen.

Eine Bestellung von Nützlingen ist nur dann lohnend, wenn die klimatischen Bedingungen im Wintergarten den Ansprüchen der Nützlinge genügen. Die meisten Nützlinge benötigen eine hohe Luftfeuchtigkeit, ausreichend hohe Temperaturen und hohe Lichtintensität, damit sie sich ausreichend schnell vermehren können. Auch die Tageslänge kann einen Einfluss auf die Wirksamkeit eines Nützlings haben. Deshalb kommt ein Einsatz während der Wintermonate nur bei den wenigsten Nützlingen in Frage.

Da es sich in den meisten Fällen um Insekten-Arten handelt, die zumindest in einem bestimmten Entwicklungsstadium flugfähig sind, würden sich diese bei einem Einsatz im Freiland rasch

▲ Weiße Fliegen im Kleingewächshaus lassen sich mit Zehrwespen bekämpfen. Nützlingszüchter bieten parasitierten Larven der Weißen Fliege an. Daraus schlüpfen die Zehrwespen und legen ihre Eier in Weiße Fliegen ab.

▲ Die Weibchen der Schlupfwespen legen jeweils ein Ei in eine Blattlaus ab. Parasitierte Blattläuse werden rundlicher und sind noch lange als metallisch glänzende oder pergamentartige Hüllen in den Kolonien zu finden.

Nützlinge für Wintergarten oder Gewächshaus

Schädling	Nützling
Spinnmilben	verschiedene Raubmilben-Arten räuberische Gallmücke
Thripse	verschiedene Raubmilben-Arten Florfliegenlarven (junge Larven)
Weiße Fliegen	Schlupfwespe Raubwanze
Blattläuse	verschiedene Schlupfwespen-Arten räuberische Gallmücke Florfliegenlarven
Schildläuse	verschiedene Schlupfwespen-Arten verschiedene Marienkäfer-Arten
Woll- und Schmierläuse	Australischer Marienkäfer Schlupfwespe
Trauermückenlarven	verschiedene Raubmilben-Arten Nematoden
Minierfliegen	verschiedene Schlupfwespen-Arten

im ganzen Garten verteilen, eine gezielte Ansiedlung an der vom Schädling besiedelten Pflanze wäre kaum möglich. In Ausnahmefällen können nicht flugfähige Stadien von Nützlingen wie z. B. Florfliegenlarven eingesetzt werden, um Schädlinge an wertvollen Einzelpflanzen zu bekämpfen.
Im Obstbau hat es sich bewährt, wenn von Raubmilben besiedelte Äste aus Altanlagen in meist noch raubmilbenfreie oder -arme Neuanlagen gebracht wurden.

Seit einigen Jahren sind außerdem **Schlupfwespen** erhältlich, die sich auf die Eier des Apfel- und Pflaumenwicklers spezialisiert haben. Seit langem bewährt hat sich der Einsatz von insektenpathogenen Nematoden gegen die an Pflanzenwurzeln fressenden Larven des Gefurchten Dickmaulrüsslers. Damit sich die Nematoden entwickeln können, muss der Boden nach der Ausbringung warm genug sein.

Pflanzenstärkungsmittel

Im Gartenbau werden seit jeher viele Mittel eingesetzt, die die Widerstandskraft der Pflanzen erhöhen sollen. Solche als Pflanzenstärkungsmittel bezeichneten Präparate werden von verschiedenen Firmen hergestellt und kommen als Konzentrate oder Pulver in den Handel. Als Pflanzenstärkungsmittel anerkannte Präparate haben keine direkte Wirkung auf Schadorganismen. Sie beeinflussen in der Regel die Eigenschaften der Pflanzenoberfläche wie den pH-Wert oder die Festigkeit der Epidermis. Sie verringern dadurch die Wahrscheinlichkeit eines Befalls. Zur Abwehr von Insekten wird der abschreckende Duft mancher Pflanze ausgenutzt. Meistens sind Pflanzenauszüge oder Gesteinsmehle die Basis solcher Präparate. Mittel, um die Widerstandskraft von Pflanzen zu stärken, sind leicht selbst hergestellt. Man verwendet dazu verschiedene wild wachsende oder im Garten kultivierte Pflanzen. Bei der Herstellung wird unterschieden zwischen Brühen, Tees, kalten Auszügen und Jauchen.

- Zur Herstellung von **Pflanzenbrühen** werden die zerkleinerten Pflanzenteile in Wasser angesetzt und für einen Tag stehen gelassen. Am nächsten Tag wird dieser Ansatz aufgekocht; er soll etwa eine halbe Stunde lang sieden.
- Für einen **Tee** müssen die Pflanzenteile mit kochendem Wasser überbrüht werden, der Sud muss anschließend etwa 15 Minuten ziehen.
- **Kalte Auszüge** werden durch Einweichen der Pflanzenteile in möglichst weiches Wasser hergestellt, es darf nicht zur Gärung kommen.
- Für die Herstellung von **Jauchen** wird zunächst ein kalter Auszug angesetzt, dieser Ansatz bleibt aber längere Zeit bis zur Gärung stehen.

Die hergestellten Ansätze werden nach dem Erkalten abgesiebt und müssen für die meisten Anwendungen verdünnt werden. ■

Pflanzen für die Herstellung von Stärkungsmitteln

Pflanzenart	Verwendung
Ackerschachtelhalm	Brühe: Vorbeugung von Pilzkrankheiten, Jauche: gegen Blattläuse und Spinnmilben
Beinwell	verdünnte Jauche als Blattdüngung
Brennnessel	Jauche zum Gießen
Wurmfarn	verdünnte Jauche gegen Blattläuse und zur Schneckenabwehr, unverdünnt als Winterspritzung und gegen Rostpilze
Holunder	Jauche zur Vergrämung von Wühlmäusen in die Gänge gießen
Kapuzinerkresse	unverdünnter Tee gegen Blutläuse
Knoblauch	verdünnte Jauche als Stärkung gegen Pilzerkrankungen, unverdünnt gegen Möhrenfliege, als Tee gegen Echten Mehltau
Meerrettich	Tee oder Brühe gegen Monilia
Rainfarn	Tee oder Brühe gegen Milben, Läuse
Rhabarber	Brühe, Tee oder Jauche gegen Blattläuse
Tomate	Jauche gegen Kohlweißling und Schnecken
Wermut	Jauche gegen Läuse, Raupen, Ameisen

Pflanzenschutzmittel

■ Alle Präparate, die einen direkten Einfluss auf den Schadorganismus haben, werden als Pflanzenschutzmittel bezeichnet. Für den Einsatz im Garten empfehlen sich nur die im Handel erhältlichen Spritzmittel, denn die eigene Zubereitung, z. B. aus pflanzlichen Rohstoffen, birgt gewisse Risiken. Leicht kommt es zu Überdosierungen oder die Wirkung mindert sich wegen einer falschen Zubereitung. Da es sich bei den Pflanzenschutzmitteln um Giftstoffe handelt, hat der Gesetzgeber Vertrieb und Anwendung streng geregelt. Die Auswirkungen der Wirkstoffe auf die Umwelt und den Anwender haben einen entscheidenden Einfluss darauf, welche Präparate für den Einsatz im Haus- und Kleingarten ausgewiesen werden.

Pflanzenschutzmittel werden vor der **Zulassung** durch das Bundesamt für Verbraucherschutz und Lebensmittelsicherheit BVL in zahlreichen Untersuchungen genau geprüft. Dabei werden z. B. die Wirksamkeit, die Pflanzenverträglichkeit und vor allem die möglichen Auswirkungen auf Mensch, Tier und Umwelt kritisch hinterfragt. Eine Zulassung erfolgt immer in mehr oder weniger eng begrenzten Anwendungsgebieten, um einen ganz bestimmten Schaderreger zu bekämpfen.

Manchmal sind die Ausweisungen relativ weit gefasst, dann sind die Präparate z. B. gegen saugende Insekten an Zierpflanzen im Freiland zugelassen. Manche Pflanzenschutzmittel werden jedoch nur für sehr spezielle Anwendungsbereiche ausgewiesen. Sie dürfen in anderen Anwendungsgebieten oder unter anderen Bedingungen nicht eingesetzt werden (obgleich man dabei sehr häufig gute Wirkungen erzielen könnte). Gründe für eine solche Begrenzung können wirtschaftliche Interessen des Zulassungsantragsstellers sein. Oft werden jedoch die Anwendungsgebiete begrenzt, weil Rückstände im Erntegut oder negative Auswirkungen auf die Umwelt zu erwarten sind. Für die Anwendung im Hobbygarten stehen ausschließlich die mit dem Hinweis „Zugelassen im Haus- und Kleingarten" versehenen Mittel zur Verfügung.

Die für den Einsatz an Gemüse oder Obst zugelassenen Präparate werden auch darauf untersucht, wie schnell sich der Wirkstoff auf oder in den als Erntegut genutzten Pflanzenteilen abbaut. Aufgrund dieser Untersuchungen wird die **Wartezeit** festgelegt. Sie berücksichtigt die Abbaugeschwindigkeit des Wirkstoffs und gibt den Mindestzeitraum zwischen dem letzten Pflanzenschutzmitteleinsatz vor der Ernte bis zum Verzehr des Ernteguts an.

Wird bei einem in Obst oder Gemüse ausgewiesenen Präparat keine Wartezeit in Tagen festgesetzt, kann man nicht grundsätzlich annehmen, es handle sich um einen unbedenklichen oder sehr schnell abbauenden Wirkstoff. Manchmal sind in den Anwendungsbedingungen **weitere Einschränkungen** formuliert, die den Einsatz des Pflanzenschutzmittels z. B. auf einen Zeitraum beschränken, der nach der Ernte liegt und damit zwangsläufig eine für den weitgehenden Abbau des Wirkstoffs ausreichend lange Zeit bis zur Nutzung im Folgejahr vergeht. Dies zeigt, wie wichtig es ist, den Beipackzettel von Pflanzenschutzmitteln genau zu studieren! Wer-

Nützlingskennzeichnung für Pflanzenschutzmittel (Beispiele)

Kennziffer	Bedeutung
NN000	Anwendungsbedingungen des Mittels schließen Schädigung relevanter Nutzorganismen aus
NN161	nicht schädigend für Siebenpunkt-Marienkäfer
NN170	nicht schädigend für Florfliege
NN261	schwach schädigend für Siebenpunkt-Marienkäfer
NN270	schwach schädigend für Florfliege
NN361	schädigend für Siebenpunkt-Marienkäfer
NN370	schädigend für Florfliege
NN400	Schädigung relevanter Nutzorganismen

Fungizide zur Bekämpfung von Pilzkrankheiten im Haus- und Kleingarten

Schaderreger	Wirkstoff	Beispiel für ein Präparat	Kultur(en)
Phytophthora sp.	Azoxystrobin	Ortiva	Tomate
	Fosetyl	Aliette WG	Erdbeere, Zierpflanzen
	Kupferoktanoat	Cueva	Kartoffel, Tomate, Kernobst
	Kupferoxychlorid	Funguran	Kartoffel, Tomate
	Mancozeb	Dithane NeoTec	Kartoffel
	Mancozeb + Benthiavalicarb	Valbon	Kartoffel
	Maneb	Trimangol	Kartoffel
	Metiram	Polyram WG	Kartoffel
Monilia	Fenhexamid	Teldor	Kirschen, Pflaumen
	Myclobutanil	Pilzfrei Ectivo	Kirschen
Grauschimmel	Fenhexamid	Teldor	Tomate, Kirschen, Beerenobst, Erdbeere, Wein, Zierpflanzen
	Fludioxinil + Cyprodinil	SWITCH	Erdbeere, Wein
Falscher Mehltau	Azoxystrobin	Ortiva	Gurke
	Fosetyl	Aliette WG	Gurke, Salat
	Kupferoktanoat	Cueva	Wein
	Kupferoxychlorid	Funguran	Zierpflanzen
	Mancozeb	Dithane NeoTec	Wein
	Metiram	Polyram WG	Wein, Zierpflanzen
	Propamocarb + Fosetyl	Previcur Energy	Zierpflanzen
Echter Mehltau	Azoxystrobin	Ortiva	Tomate, Gurke, Zucchini
	Fenarimol	Pilzfrei Saprol	Zierpflanzen
	Kupferoktanoat	Cueva	Wein, Rosen
	Lecithin	BioBlatt-Mehltaumittel	Gurke, Apfel, Stachelb., Zierpfl.
	Myclobutanil	Pilzfrei Ectivo	Apfel, Wein, Zierpflanzen
	Schwefel	Asulfa Jet	Erbse, Gurke, Wurzelgem., Kernobst, Stachelbeere, Wein, Zierpfl.
	Tebuconazol	Bayer Garten Rosenspray	Zierpflanzen, Rosen
	Triticonazol	Rosen-Pilzfrei Saprol	Rosen

Schaderreger	Wirkstoff	Beispiel für ein Präparat	Kultur(en)
Rost	Azoxystrobin	Ortiva	Spargel, Zierpflanzen
	Fenarimol	Pilzfrei Saprol	Zierpflanzen
	Kupferoktanoat	Cueva	Rosen
	Kupferoxychlorid	Funguran	Spargel
	Metiram	Polyram WG	Spargel, Zierpflanzen
	Myclobutanil	Pilzfrei Ectivo	Zierpflanzen
	Tebuconazol	Bayer Garten Rosenspray	Zierpflanzen, Rosen
	Triticonazol	Rosen-Pilzfrei Saprol	Rosen
Sternrußtau	Fenarimol	Pilzfrei Saprol	Rosen
	Myclobutanil	Pilzfrei Ectivo	Rosen
	Tebuconazol	Bayer Garten Rosenspray	Rosen
	Triticonazol	Rosen-Pilzfrei Saprol	Rosen
Schorf	Myclobutanil	Pilzfrei Ectivo	Kernobst
	Schwefel	Asulfa Jet	Kernobst
verschiedene Blatt-fleckenpilze	Azoxystrobin	Ortiva	Tomate, Spargel
	Kupferoxychlorid	Funguran	Kartoffel, Sellerie, Tomate, Erdb.
	Mancozeb	Dithane NeoTec	Wein
	Metiram	Polyram WG	Kartoffel, Wein
Krebs	Kupferhydroxid	Cuprozin WP	Kernobst

den Präparate für die Anwendung in Zierpflanzen zugelassen, erübrigt es sich, eine Wartezeit festzulegen.

Die **Kennzeichnung der Pflanzenschutzmittel** hinsichtlich ihrer Wirkung auf Nutzorganismen ist für den verantwortungsbewusst und umweltschonend arbeitenden Gärtner sehr hilfreich. Die aus der Buchstabenkombination „NN" und einem drei- bis vierstelligen Ziffernblock bestehende Kennzeichnung gibt Aufschluss darüber, welche Nutzorganismen nicht, schwach oder deutlich durch den Einsatz des Pflanzenschutzmittels geschädigt werden. Stehen mehrere Wirkstoffe zur Auswahl, sollte man unbedingt jene verwenden, die am wenigsten schädlich auf Nützlinge wirken. Als Faustregel gilt daher, Mittel mit möglichst niedriger NN-Ziffer zu bevorzugen.

Darüber hinaus sind die Ziffernkombinationen NO685 bis NO688 bedeutsam; sie weisen auf eine schwache bis starke Schädigung der Regenwurmpopulationen durch den Wirkstoff hin.

Manche **Wirkstoffe** greifen den zu bekämpfenden Schaderreger nur sehr einseitig an. Bei regelmäßigem Einsatz desselben Wirkstoffes wird dann langfristig ein Selektionsdruck auf die Population des Schaderregers ausgeübt. Dies kann zur Auslese resistenter Erregerrassen führen. Sind zur Bekämpfung eines Schaderregers mehrere Spritzungen innerhalb einer Vegetationsperiode nötig, ist unbedingt zwischen unterschiedlichen Wirkstoffen abzuwechseln. Nur so vermeidet man, dass sich resistente Erregerrassen herausbilden.

Viren lassen sich im Pflanzenbau nicht durch den Einsatz von Spritzmitteln bekämpfen. **Bakterien** sind durch Spritzungen ebenfalls nur sehr schwierig zu erreichen. Derzeit sind keine bakteriziden Präparate für die Anwendung im Haus- und Kleingarten ausgewiesen.

Schadpilze bekämpfen

Präparate, die zur Bekämpfung von Schadpilzen eingesetzt werden, bezeichnet man als **Fungizide**. In der Regel verhindern fungizide Wirkstoffe nur das Eindringen des Schadpilzes in die Pflanze. Eine Bekämpfung des Schaderregers nach seiner Etablierung auf oder in der Pflanze ist dagegen mit den meisten der zur Verfügung stehenden Präparate nicht möglich. Nur wenige Fungizide besitzen eine gewisse Tiefenwirkung, so dass der Erreger noch kurz nach Eindringen in das Pflanzengewebe gestoppt werden kann.

Daraus ergibt sich die grundsätzliche **Bekämpfungsstrategie** gegen Pilzerkrankungen: Sollen Spritzungen durchgeführt werden, sind die Präparate spätestens beim Erscheinen der allerersten Schadsymptome einzusetzen, noch wirksamer wäre eine vorbeugende Spritzung. Viele Schaderreger treten allerdings nicht jedes Jahr im gleichen Ausmaß auf. Daher braucht man manche Krankheit viele Jahre hintereinander überhaupt nicht bekämpfen. Um unnötige Spritzungen zu vermeiden, ist es wichtig, den Pflanzenbestand in der kritischen Phase aufmerksam zu beobachten. Beim ersten Auftreten der Schadsymptome kann man dann sofort mit dem Einsatz geeigneter Fungizide reagieren.

Manche Pilzkrankheiten haben einen eng begrenzten potenziellen **Infektionszeitraum**, typisches Beispiel dafür ist die Triebmonilia.

Akarizide und Insektizide zur Bekämpfung von Schadmilben im Haus- und Kleingarten

Schädling	Wirkstoff	Beispiel für ein Präparat	Kultur(en)
Weichhautmilben	Fenpyroximat	Kiron	Zierpflanzen
Gallmilben	Fenpyroximat	Kiron	Zierpflanzen
	Rapsöl	MICULA	Kernobst, Steinobst, Beerenobst
Spinnmilben	Abamectin + Thiamethoxam	COMPO Axoris Insekten-frei AF	Zierpflanzen
	Acequinocyl	Kanemite SC	Kernobst, Zierpflanzen
	Acetamiprid	Schädlingsfrei Careo	Zierpflanzen
	Azadirachtin	NeemAzal-T/S	Zierpflanzen
	Fenpyroximat	Kiron	Gemüse, Obst, Wein, Zierpflanzen
	Kaliseife	Neudosan Neu	Fruchtgemüse, Kernobst, Zierpfl.
	Methiocarb + Imidacloprid	Provado Gartenspray	Zierpflanzen
	Mineralöl	Promanal Neu	Obst, Wein, Zierpflanzen
	Pyrethrine	Chrysal Pflanzenspray	Zierpflanzen
	Pyrethrine + Abamectin	COMPO Fazilo Garten-Spray	Zierpflanzen
	Pyrethrine + Rapsöl	Spruzit Neu	Zierpflanzen
	Rapsöl	Schädlingsfrei Hortex	Gemüse, Kern-, Steinobst, Zierpfl.

Molluskizide zur Bekämpfung von Nacktschnecken im Haus- und Kleingarten

Wirkstoff	Beispiel für ein Präparat	Kultur(en)
Eisen-III-phosphat	Ferramol Schneckenkorn	Salat, Kohl, Erdbeere, Zierpflanzen
	Neu 11655 Garten	Gemüse, Obst, Zierpflanzen
Metaldehyd	Schneckentod	Salat, Kohl, Erdbeere, Zierpflanzen
	Metarex	Kohl, Salat, Spinat, Sellerie, Gurke, Zucchini, Tomate, Hülsengemüse, Lauch, Zierpflanzen
Methiocarb	Mesurol Schneckenkorn	Salat, Spinat, Kohl, Erdbeere, Zierpflanzen

Hier hängt die Entscheidung pro oder contra Spritzung vor allem von den herrschenden Witterungsbedingungen ab. Sind schon massive Schäden sichtbar, erübrigen sich Spritzmaßnahmen. Manche Krankheiten wie die Echten Mehltaupilze oder Schorf können während der gesamten Vegetationsperiode nahezu ununterbrochen neu infizieren. Hier müssen Spritzungen regelmäßig wiederholt werden, um den fungiziden Schutzfilm immer wieder auf den Neuzuwachs auszudehnen.

Präparate gegen Schädlinge

Zur Bekämpfung von Schadinsekten werden **Insektizide** eingesetzt, **Akarizide** sind Spezialpräparate zur Bekämpfung von Schadmilben. Viele insektizide Wirkstoffe haben auch eine recht gute Wirkung gegen Schadmilben, deshalb werden diese beiden Tierordnungen bei der Bekämpfung meist zusammengefasst. Insektizide wirken als Kontaktgift, als Atemgift oder als Fraßgift. Zumindest die Kontakt- und Atemgifte erfassen immer nur jene Schädlinge, die sich zum Zeitpunkt der Spritzung auf den Pflanzen befinden, sie haben keine Langzeitwirkung. Vorbeugende Spritzungen gegen Schädlinge sind deshalb meist nicht möglich. Fraßgifte könnten dagegen prophylaktisch eingesetzt werden, da sie nach Anlagerung auf der Pflanzenoberfläche oder Aufnahme ins Pflanzengewebe zumindest kurzzeitig an oder in der zu schützenden Pflanze gespeichert werden.

Zur Bekämpfung der meisten tierischen Schädlinge empfiehlt sich in der Regel eine Spritzung erst dann, wenn die Population tatsächlich so weit angewachsen ist, dass ernsthafte Schäden an den Pflanzen zu erwarten sind. Im Einzelfall muss man sich fragen, ob eine Spritzung überhaupt vertretbar ist. Wurde der Hauptschaden durch die Schädlinge schon angerichtet und es sind keine weiteren Fraß- oder Saugschäden mehr zu erwarten, erübrigt sich zumindest eine Spritzung gegen die aktuelle Schädlingsgeneration.
Molluskizide sind Präparate zur Bekämpfung von Schnecken. Wer sie im Garten erfolgreich einsetzen will, muss zuvor dafür sorgen, dass keine Zuwanderung aus Nachbarflächen möglich ist. Dazu haben sich Schneckenzäune sehr bewährt. Molluskizide müssen so lange immer wieder angewendet werden, bis keine Fraßschäden mehr zu beobachten sind.

Mittel gegen unerwünschte Kräuter

Mit **Herbiziden** vernichtet man unerwünschte Pflanzen im Garten. Mit Ausnahme der Rasenherbizide handelt es sich meist um Wirkstoffe, die alle grünen Pflanzen schädigen. Kulturpflanzen müssen daher mit einem Spritzschirm vor dem Spritznebel geschützt werden.

Formulierungen von Pflanzenschutzmitteln

Pflanzenschutzmittel sind in verschiedenen Aufbereitungen im Handel erhältlich. Zum Schutz der eigenen Gesundheit muss für die Ausbringung von Pflanzenschutzmitteln eine Grundausstattung mit Schutzhandschuhen, spezieller Pflanzenschutzkleidung und Gummistiefeln vorhanden sein.

Insektizide zur Bekämpfung von saugenden Insekten im Haus- und Kleingarten

Schädling	Wirkstoff	Beispiel für ein Präparat	Kultur(en)
saugende Insekten	Abamectin + Thiamethoxam	COMPO Axoris Insekten-frei AF	Zierpflanzen
	Acetamiprid	Schädlingsfrei Careo	Zierpflanzen
	Azadirachtin	NeemAzal-T/S	Zierpflanzen
	Dimethoat	Bi 58	Zierpflanzen
	Imidacloprid	Provado 5 WG	Zierpflanzen
	Kaliseife	Neudosan Neu	Gemüse, Obst
	Methiocarb + Imidacloprid	Provado Gartenspray	Zierpflanzen
	Mineralöl	ELEFANT-SOMMERÖL	Zierpflanzen
	Pyrethrine	Chrysal Pflanzenspray	Zierpflanzen
	Pyrethrine + Abamectin	COMPO Fazilo Garten-Spray	Zierpflanzen
	Pyrethrine + Rapsöl	Spruzit Neu	Zierpflanzen
	Rapsöl	MICULA	Zierpflanzen
	Thiacloprid	Bayer Garten Kombi-Schädlingsfrei	Zierpflanzen
Blattläuse	Azadirachtin	NeemAzal-T/S	Apfel, Holunder
	Dimethoat	Etisso Combi-Sticks	Zierpflanzen
	Imidacloprid	Lizetan Neu Zierpflanzenspray	Zierpflanzen
	Kaliseife	Neudosan Neu	Gemüse, Erdbeere, Zierpflanzen
	Pyrethrine + Rapsöl	Spruzit Neu	Kohlrabi, Kernobst
	Rapsöl	Celaflor Schildlausfrei	Gemüse, Kernobst, Steinobst, Zierpflanzen
	Thiamethoxam	COMPO Axoris Insekten-frei Quick-Sticks	Zierpflanzen
Schild-läuse	Acetamiprid	Schädlingsfrei Careo	Zierpflanzen
	Dimethoat	Bi 58	Zierpflanzen
	Imidacloprid	Provado 5 WG	Zierpflanzen
	Methiocarb + Imidacloprid	Provado Gartenspray	Zierpflanzen
	Mineralöl	Para-Sommer	Zierpflanzen
	Pyrethrine	Chrysal Pflanzenspray	Zierpflanzen
	Pyrethrine + Abamectin	COMPO Fazilo Garten-Spray	Zierpflanzen
	Pyrethrine + Rapsöl	Spruzit Neu	Zierpflanzen
	Rapsöl	MICULA	Pflaume, Zierpflanzen
	Thiacloprid	Bayer Garten Kombi-Schädlingsfrei	Zierpflanzen
	Thiamethoxam	COMPO Axoris Insekten-frei Quick-Sticks	Zierpflanzen

Schädling	Wirkstoff	Beispiel für ein Präparat	Kultur(en)
Woll- und Schmierläuse	Acetamiprid	Schädlingsfrei Careo	Zierpflanzen
	Methiocarb + Imidacloprid	Provado Gartenspray	Zierpflanzen
	Mineralöl	Schildlaus Pumpspray	Zierpflanzen
	Pyrethrine	Chrysal Pflanzenspray	Zierpflanzen
	Pyrethrine + Rapsöl	Spruzit Neu	Zierpflanzen
Weiße Fliege	Acetamiprid	Schädlingsfrei Careo	Zierpflanzen
	Azadirachtin	NeemAzal-T/S	Zierpflanzen
	Imidacloprid	Lizetan Combigranulat	Zierpflanzen
	Kaliseife	Neudosan Neu	Fruchtgemüse, Zierpfl.
	Methiocarb + Imidacloprid	Provado Gartenspray	Zierpflanzen
	Pyrethrine	Chrysal Pflanzenspray	Zierpflanzen
	Pyrethrine + Abamectin	COMPO Fazilo Garten-Spray	Zierpflanzen
	Pyrethrine + Rapsöl	Spruzit Neu	Zierpflanzen
	Rapsöl	MICULA	Gemüse, Zierpflanzen
	Thiacloprid	Bayer Garten Kombi-Schädlingsfrei	Zierpflanzen
	Thiamethoxam	COMPO Axoris Insekten-frei Quick-Sticks	Zierpflanzen
Thripse	Methiocarb + Imidacloprid	Provado Gartenspray	Zierpflanzen
Zikaden	Fenpyroximat	Kiron	Wein

Granulate werden auf den Boden aufgestreut und eingearbeitet oder schon vor dem Topfen von Zimmerpflanzen in das Substrat eingemischt. Bei systemisch wirkenden Präparaten wird der Wirkstoff von den Pflanzenwurzeln aufgenommen und mit dem Saftstrom in der ganzen Pflanze verteilt. Deshalb ist bei einem akuten Besatz mit Schädlingen nicht mit einer sofortigen Wirkung zu rechnen. Besonders anwenderfreundlich sind die nach demselben Prinzip wirkenden Pflanzenschutzstäbchen oder -zäpfchen. Sie werden in das Substrat von Topfpflanzen oder Balkonkästen gesteckt.

Die meisten Präparate werden als **Emulsion** oder **Suspension** auf die Pflanzen gesprüht. Solche Präparate dürfen nur bei bestimmten Witterungsverhältnissen ausgebracht werden. Da die Pflanzenschutzmittel in Form sehr feiner Tröpfchen versprüht werden, verwehen sie bereits bei relativ schwachem Wind auf Nachbarpflanzen. Bei hohen Temperaturen sinkt die Wirksamkeit, da der Trägerstoff Wasser dann sehr schnell verdunstet. Pflanzenschutzmittel dürfen deshalb nur bei Windstille und mäßigen Temperaturen, im Sommer frühmorgens oder abends, gesprüht werden.

Pflanzenschutzmittel, die mit Hilfe von **Druckspritzen** ausgebracht werden, sind als Pulver, Granulat oder Flüssigkeit im Handel erhältlich. Die Präparate müssen exakt abgemessen und dann in die er-

Insektizide zur Bekämpfung von beißenden Insekten im Haus- und Kleingarten

Schädling	Wirkstoff	Beispiel für ein Präparat	Kultur(en)
beißende Insekten	Acetamiprid	Schädlingsfrei Careo	Zierpflanzen
	Methiocarb + Imidacloprid	Provado Gartenspray	Zierpflanzen
	Thiacloprid	Bayer Garten Kombi-Schädlingsfrei	Zierpflanzen
freifressende Schmetterlingsraupen	Bacillus thuringiensis	XenTari	Kohlgemüse, Kernobst
	Methoxyfenozide	Runner	Kernobst
Kleiner Frostspanner	Azadirachtin	NeemAzal-T/S	Kern-, Stein-, Beerenobst, Zierpflanzen
Gespinstmotten	Azadirachtin	NeemAzal-T/S	Zierpflanzen
Apfelwickler	Apfelwickler-Granulosevirus	Granupom	Kernobst
	Cyfluthrin + Codlemone	Appeal	Kernobst
	Methoxyfenozide	Runner	Kernobst
Traubenwickler	Bacillus thuringiensis	XenTari	Wein
	Methoxyfenozide	Runner	Wein
Dickmaulrüssler	Thiacloprid	Bayer Garten Kombi-Schädlingsfrei	Zierpflanzen
Kartoffelkäfer	Azadirachtin	NeemAzal-T/S	Kartoffel
	Pyrethrine + Rapsöl	Spruzit Neu	Kartoffel
Minierfliegen	Azadirachtin	NeemAzal-T/S	Zierpflanzen
Gemüsefliegen	Chlorpyrifos	Insekten Streumittel NEXION NEU	Kohl, Möhre, Zwiebel
Trauermücken	Abamectin + Thiamethoxam	COMPO Axoris Insektenfrei AF	Zierpflanzen
	Thiacloprid	Bayer Garten Kombi-Schädlingsfrei	Zierpflanzen

forderliche Menge Wasser eingemischt werden. Der Gesetzgeber schreibt zwar geeignete Dosierhilfen vor, aber die im Haus- und Kleingarten manchmal benötigten sehr kleinen Mengen an Spritzbrühe lassen sich häufig mit den Dosiereinrichtungen nicht mehr genau abmessen. Zum Abwiegen von Granulaten und Pulvern wäre eine Analysenwaage erforderlich, zum Abmessen auch sehr kleiner Mengen flüssig formulierter Präparate haben sich Einwegspritzen aus der Apotheke als geeignete Dosierhilfe bewährt.

Aufgrund der Probleme beim Abmessen wird mancher Hobbygärtner dazu verleitet, eine deutlich größere Menge Spritzbrühe anzusetzen, als für die vorgesehene Behandlung benötigt wird. Einmal angesetzte Pflanzenschutzmittel müssen aber unmittelbar nach dem Mischen der Spritzbrühe ausgebracht werden. Keinesfalls darf man eine große Menge als Vorrat für die nächsten Wochen ansetzen, die dann in der Spritze bleibt:

Herbizide zur Bekämpfung von Unkräutern und Moosen im Haus- und Kleingarten

gegen	Wirkstoff	Beispiel für ein Präparat	Kultur(en)
ein- und zweikeimblättrige Unkräuter	Essigsäure	Temacid	Kernobst, Steinobst, Ziergehölze, Wege und Plätze
	Glyphosat	WEEDKILL	Kernobst, Steinobst, Wege und Plätze, Kulturflächenvorbereitung
	Glyphosat + Pelargonsäure	Roundup Speed	Kernobst, Ziergehölze, Wege und Plätze, Kulturflächenvorbereitung
	Pelargonsäure	Finalsan	Zierpflanzen, Ziergehölze, Wege und Plätze
zweikeimblättrige Unkräuter	2,4-D + Dicamba	UV Rasen Floranid	Rasen, nicht im Ansaatjahr
	2,4-D + Mecoprop-P	Duplosan KV-Combi	Rasen, nicht im Ansaatjahr
	Dicamba + MCPA	BANVEL M	Rasen, nicht im Ansaatjahr
	Diflufenican + Mecoprop-P	LOREDO	Rasen, nicht im Ansaatjahr
Moose	Eisen-II-Sulfat	Gabi-Antimoos, flüssig	Rasen, nicht im Ansaatjahr
	Eisen-II-Sulfat + Eisen-III-Sulfat	SUBSTRAL Rasendünger mit MOOSVERNICHTER	Rasen, nicht im Ansaatjahr
	Essigsäure	Temacid	Rasen
	Pelargonsäure	Finalsan	Rasen
	Quinoclamin	Mogeton Moos-Frei	Rasen, nicht im Ansaatjahr

Im besten Fall ist keine Wirkung mehr zu erzielen, im schlimmsten Fall wird die Pflanze durch Unverträglichkeitsreaktionen nach chemischen Prozessen in der Spritze geschädigt. Im Anschluss an die Spritzung muss die Spritze gut ausgespült werden, das Spülwasser wird dann auf die Pflanzen gespritzt.

Für den Haus- und Kleingarten gibt es heute zahlreiche Präparate in einer anwendungsfertigen Formulierung als **Spray** oder **Pumpspray**. Diese haben den Vorteil, dass Gesundheitsschädigungen ausgeschlossen sind, die durch den direkten Kontakt mit einem konzentrierten Mittel entstehen. Ein Nachteil ist der recht hohe Preis. Problematisch wird es bei etwas größeren Pflanzen: Dann lässt sich ein Kontakt mit behandelten Pflanzenteilen kaum vermeiden, weil sich die Hand zwangsläufig in der Nähe der Austrittsöffnung befindet. ■

Diagnose von Pflanzenschäden

Manchmal treten Schadsymptome schlagartig oder innerhalb kürzester Zeit gleichmäßig an der gesamten Pflanze auf. Dann ist die Schadursache in den Standortbedingungen oder an der Wurzel, am Wurzelhals oder am Stamm zu suchen. Schaderreger, die das Laub oder die Triebspitzen befallen, können sich nach Massenvermehrung zwar auch über die ganze Pflanze ausbreiten, zumindest im Anfangsstadium der Entwicklung sind aber lediglich Teilbereiche der Pflanze betroffen. Haben ungünstige Witterungsbedingungen oder pflanzenschädliche Stoffe den Schaden ausgelöst, sind wenigstens alle artgleichen Pflanzen betroffen.

Im Garten sind häufig nur Einzelexemplare einer Pflanze vorhanden, so dass man verschiedene Individuen der gleichen Art nicht miteinander vergleichen kann. Deshalb ist es ohne genauere Untersuchung oft nicht möglich, zwischen umweltbedingten, abiotischen Schadeinflüssen und Pathogenen im Wurzel- oder Stammbereich zu unterscheiden.

Schäden an der ganzen Pflanze

Schäden durch die Witterung

■ Ein früher Wintereinbruch kann vor allem an Gehölzen nachhaltige Schäden verursachen. Die Winterhärte von Obst- und Ziergehölzen wird in erster Linie durch ihre genetisch festgelegte Frostverträglichkeit bestimmt. Diese hat sich an die klimatischen Bedingungen am heimischen Standort angepasst. Damit eine Pflanze ihre artspezifische Winterhärte erreicht, darf sie in den Herbstmonaten nicht zu lange wachsen. Das Holz muss vor dem Absinken der Temperaturen in den Frostbereich gut ausreifen. Bei nicht ausgereiftem Holz erfrieren zumindest die einjährigen Triebe, oft sind aber auch mehrjährige Zweige an sonst gut winterharten Gehölzen betroffen.

Ursache für eine **schlechte Ausreife** kann eine zu späte Stickstoffdüngung oder späte Nachlieferung von Stickstoff aus dem Bodenvorrat sein. Bei allen überwinternden Gartenpflanzen muss der Zeitpunkt für die Gabe stickstoffhaltiger Düngemittel deshalb so gewählt werden, dass ab August keine nennenswerte Stickstoffnachlieferung mehr erfolgt. Besondere Vorsicht ist bei der Verwendung von Düngemitteln mit Depotwirkung geboten. Ihre Nährstoffnachlieferung hängt unter anderem stark von den Temperaturen und der Feuchtigkeit ab. In sehr kühlen Jahren werden Nährstoffe deshalb noch weit über den auf der Packung angegebenen Zeitraum hinaus freigesetzt.

Außerdem kann ein starker **Schaderregerbefall im Sommer** zu vollständigem Laubverlust führen. Die sehr späten Nottriebe, die sich daraufhin im Spätsommer bilden, können vor den ersten Frösten nicht mehr genügend ausreifen.

Sofern die artspezifischen Minimumwerte der Temperatur nicht deutlich unterschritten werden, können selbst sehr tiefe Minustemperaturen während der Wintermonate den meisten Pflanzen kaum etwas anhaben. Bei **immergrünen Gehölzen** sind nach sehr kalten Wintern allerdings regelmäßig Schäden festzustellen: Es kommt zu Laub- bzw. Nadelverbräunungen, dem Abwurf aller grünen Pflanzenteile und manchmal stirbt das ganze Gehölz ab, weil keine ausreichende Wassermenge aus dem Boden aufgenommen werden kann.

▶ **Ist das Erdreich oder das Topfsubstrat mehrere Wochen lang durchgefroren, können die Wurzeln kein Wasser aufnehmen. Zur Verringerung des Wasserverbrauchs lassen manche Immergrüne ihre Blätter senkrecht nach unten hängen, sobald der Boden auftaut, nehmen sie wieder ihre natürliche Blattstellung ein.**

Ist der durchwurzelte Boden über längere Zeit gefroren, versuchen die betroffenen Pflanzen zunächst ihren Wasserverbrauch zu verringern, indem sie ihre Verdunstungsoberfläche verkleinern. Manche immergrünen Laubgehölze können dazu die Blätter einrollen oder das Laub senkrecht stellen. Meist werden aber Nadeln bzw. Blätter im Pflanzeninneren nicht mehr versorgt und fallen ab. Kann die Pflanze ihre Verdunstungsrate durch solche Anpassungen nicht ausreichend weit absenken, vertrocknet sie.

◀ **Um Schäden in trocken-kalten Wintern zu verhindern, hilft bei ausgepflanzten Gehölzen nur der Bau von Schutzeinrichtungen mit Hilfe von Schilfmatten oder Juteleinen, die man um die gefährdeten Pflanzen herum aufbaut. Sie bieten Schutz vor austrocknenden Winden und dienen auch als Schattierung.**

Besonders betroffen sind **Kübelpflanzen** oder Gewächse auf Dachgärten oder anderen künstlichen Standorten mit begrenzter Bodenschicht, da hier der Wurzelraum viel schneller durchfriert als im gewachsenen Boden. Frosttrocknisschäden sind nach trockenen, sonnigen und kalten Wintern und an windexponierten Standorten besonders häufig zu beobachten. Zur Vorbeugung sollte man immergrüne Gehölze vor den ersten Frösten durchdringend wässern. Auch während frostfreier Witterungsperioden im Laufe des Winters empfiehlt es sich zu prüfen, ob der durchwurzelte Boden ausgetrocknet und eine Bewässerung notwendig ist.

Bleiben die Wurzelballen in sehr kalten Wintern lange Zeit durchgefroren und ist eine Bewässerung deshalb nicht möglich, muss die Verdunstungsrate der Pflanzen reduziert werden. Bei **Gehölzen in mobilen Pflanzgefäßen** geschieht das recht einfach durch einen Standortwechsel an einen halbschattigen, windgeschützten Ort.

Während des **Austriebs** oder der **Blüte** können schon geringe Minustemperaturen Schäden an den Pflanzen verursachen. Besonders nach ungewöhnlich warmer Witterung im Spätwinter oder an geschützten Standorten kommt es manchmal zu einem sehr frühen Austrieb der Pflanzen. Sinken die Temperaturen dann nochmals unter den Gefrierpunkt ab, können alle Blütenknospen oder schon geöffneten Blüten sowie alle zarten Neutriebe absterben. Bei früh blühenden Obstgehölzen wie Kirschen machen Spätfröste immer wieder alle Hoffnungen auf eine Ernte zunichte. Für den Austrieb steht nur eine begrenzte Menge an Reservestoffen zur Verfügung. Daher entwickelt sich nach einem Spätfrostschaden an den Trieben der zweite Austrieb meist deutlich schwächer.

▶ **Spätfröste schädigen oft die Blüten von im Gewächshaus vorgetriebenen und früh ausgeräumten Gehölzen wie Hortensien. Frühblühende Gehölze wie Magnolien oder Zierkirschen sind nach warmer Spätwinterwitterung ebenfalls gefährdet.**

Spätfröste fördern schließlich manche Krankheiten, da der Frost kleine Verletzungen an den Austrieben verursacht. Schaderreger wie die **Fliederseuche** (*Pseudomonas*) nutzen diese als Eintrittspforte. Schäden durch Spätfröste sind nur sehr schwer zu verhindern. Man kann aber darauf achten, dass früh blühende oder sehr früh austreibende Gehölze nicht vor warmen Südwänden gepflanzt werden. Ein sehr früher Austrieb würde dadurch noch gefördert.

Außerdem müssen Winterschutz-Einrichtungen wie Reisigabdeckungen frühzeitig im Spätwinter entfernt werden, damit sich die Wärme nicht unter den Abdeckungen staut und einen vorzeitigen Trieb auslöst. Direkte Schutzmaßnahmen durch Frostschutz-Beregnungen wie im Erwerbsobstbau sind im Privatgarten kaum durchführbar. ■

Gestörte Wasser- und Nährstoffversorgung

■ Wird die Versorgung einer Pflanze im Wurzelbereich oder am Stamm behindert, reagiert der betroffene Baum mit gleichmäßig über die gesamte Krone verteilten Schadsymptomen. Solche Versorgungsstörungen können die ganze Pflanze zum Absterben bringen, zumindest wird das Wachstum so stark behindert, dass Schwächeparasiten leichtes Spiel haben.

Pflanzenqualität und Pflanzfehler

Besonders bei großen Gehölzen wirkt sich die Qualität des Pflanzballens auf den Anwachserfolg aus. Aber auch Stauden können als Folge eines ungenügend ausgebildeten Wurzelballens längere Zeit kümmern oder schon in den ersten Wochen nach der Pflanzung absterben. Damit eine Pflanze am neuen Standort gut einwurzelt, benötigt sie ausreichend viele Feinwurzeln, die Wasser und Nährstoffe aufnehmen.

Bei Stauden oder Gehölzen in Töpfen ist die **Ballenqualität** noch recht einfach beim Austopfen zu kontrollieren; es müssen gesunde und abhängig von der Pflanzenart weiß bis hellbraun gefärbte Wurzeln am Topfrand zu sehen sein. Befinden sich keine Wurzeln am Topfrand, sind die Pflanzen erst vor kurzer Zeit umgetopft worden. Solche unzureichend durchwurzelten Ballen fallen beim Einpflanzen leicht auseinander, Verletzungen der Wurzeln sind oft nicht zu vermeiden.

Weiche bis matschige und dunkel verfärbte Wurzeln am Ballenrand lassen auf eine massive Schädigung der Pflanzen in den vergangenen Wochen schließen. Wenn fast kein Substrat mehr zwischen einem Wurzelfilz am Topfrand zu erkennen ist, handelt es sich um überständige Ware, die oft nur sehr langsam aus dem Topfballen in das anstehende Erdreich auswurzelt.

Bei Gehölzen mit gestochenem Ballen ist der Zustand der Wurzeln schwerer zu beurteilen. Grundsätzlich sollte man den Ballen bei der Pflanzung kontrollieren, das Ballentuch wird dazu vorsichtig zur Seite geschoben (Achtung bei sandigem Ballensubstrat!). Zahlreiche abgeschnittene Starkwurzeln am Ballenrand deuten darauf hin, dass das Gehölz in der Baumschule zu selten verpflanzt wurde; beim Ausgraben für den Verkauf wurde zwangsläufig ein großer Teil der lebensnotwendigen Feinwurzeln gekappt. Solche Gehölze besitzen im Balleninneren meist nur sehr wenig Feinwurzeln; somit können sie am Pflanzort kaum zügig weiterwachsen.

Auch die physikalischen Eigenschaften des **Anzuchtsubstrats** im Vergleich zur Erde am Pflanzort können sich merklich auf den Anwachserfolg auswirken: Je ähnlicher die beiden Substrate sind, umso schneller wurzeln die Pflanzen am neuen Standort ein. Idealerweise setzt man in Dachgarten-

▼ **Wenn Gehölze in der Anzucht zu selten verpflanzt wurden, verlieren sie beim Ausgraben für den Verkauf die meisten Feinwurzeln. Sie können dann am Pflanzort kaum einwachsen und sterben oft schon nach wenigen Wochen ab.**

▶ Kann man die gekauften Gehölze nicht sofort pflanzen, werden sie in einen Graben gestellt und die Wurzelballen mit Erde bedeckt. Am besten bereitet man die Pflanzflächen immer schon so weit vor, dass man Gehölze gleich pflanzen kann. Das gilt vor allem für wurzelnackte Pflanzen.

▼ Heckensträucher, Rosen, Beerensträucher oder Obstbäume werden oft wurzelnackt angeboten. Bei ihnen ist der Schutz der Wurzeln vor dem Austrocknen besonders wichtig. Sie müssen während des Transports mit Folien, bei längerer Lagerung durch Einschlagen ins Erdreich oder Abdecken mit befeuchteten Tüchern oder Säcken vor Trockenschäden bewahrt werden.

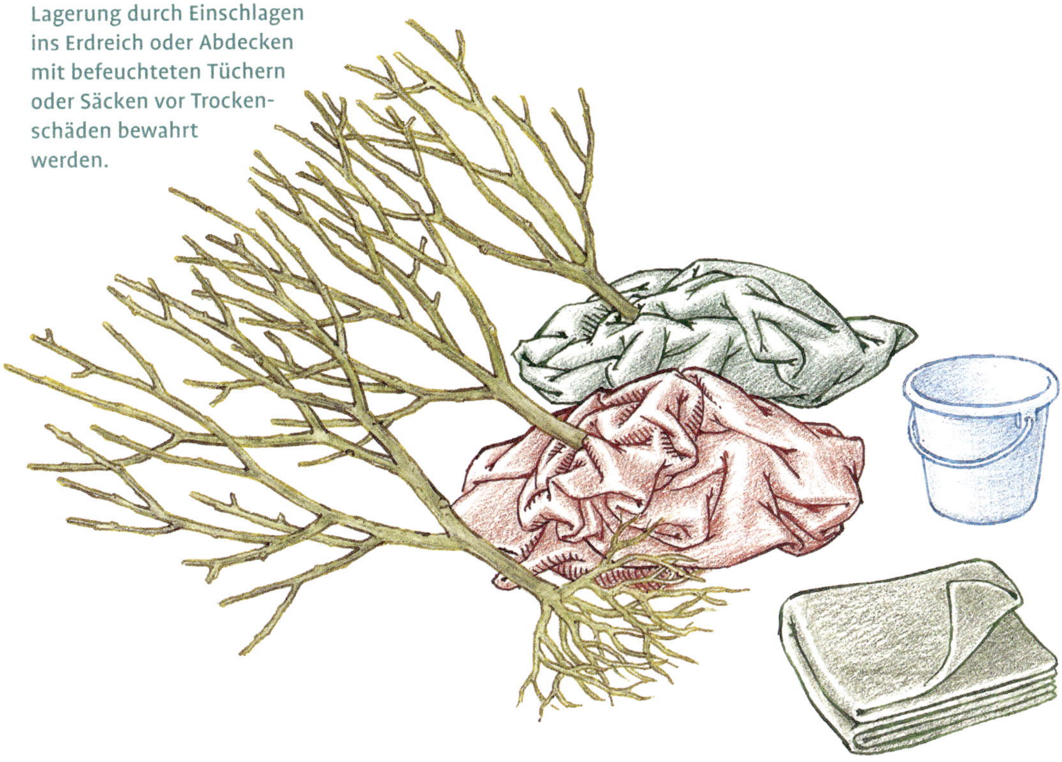

erden oder andere künstliche Substrate Pflanzen aus Anzucht im Container. Im gewachsenen Boden des Gartens etablieren sich dagegen Gehölze mit Ballen – möglichst aus Baumschulquartieren mit ähnlicher Bodenart wie im Garten – deutlich schneller. In der Praxis lässt sich dies oft nicht einhalten. Man kann aber das Einwurzeln erleichtern, indem man das Pflanzloch mit einer Mischung aus mitgebrachtem Substrat und anstehender Erde auffüllt.

Voraussetzung für das **zügige Einwurzeln** der neu gesetzten Pflanzen ist eine gleichmäßige Durchfeuchtung der Pflanzballen vor dem Auspflanzen. Vor allem die einmal ausgetrockneten Ballen von Stauden, Containergehölzen oder Rhododendren nehmen manchmal trotz intensiver Bewässerung nach der Pflanzung nur sehr langsam wieder Wasser auf. Sind die Pflanzballen ausgetrocknet, müssen sie am Tag vor der Pflanzung in wassergefüllte Wannen gestellt werden, damit sich die Ballen voll saugen können. Müssen Ballengehölze für mehrere Tage gelagert werden, muss man die Ballen in lockeres Erdreich einschlagen oder mit feuchten Säcken abdecken.

▶ **Auf die richtige Pflanztiefe kommt es an: Große und entsprechend schwere Gehölze werden eher etwas höher gepflanzt, weil sich das Erdreich noch setzt. Ein Gießrand sorgt dafür, dass Wassergaben tatsächlich in den Wurzelraum einsickern.**

Solitärgehölze sind während des **Transports** von der Baumschule zum Garten besonderen Gefahren ausgesetzt. Bei Hochstämmen kommt es manchmal zu mechanischen Beschädigungen, wenn die Bäume auf der Ladefläche des Transportfahrzeugs nicht ausreichend gesichert wurden. Liegt der Stamm auf hartem Untergrund auf und scheuert er hier während der Fahrt, kommt es zu Quetschungen des Kambiumgewebes, die von außen oft gar nicht erkennbar sind. Das Kambium stirbt in diesem Bereich ab, einige Jahre später reißt dann die Rinde auf, das Holz liegt frei und wird sehr leicht von holzzersetzenden Pilzen befallen. Beim Transport von Solitärgehölzen müssen daher die Pflanzen auf der Ladefläche oder im Kofferraum fest fixiert werden. Alle Pflanzenteile, die auf harten Ladekanten, Kistenrändern oder Ähnlichem aufliegen, müssen vor Verletzungen geschützt werden. Dazu kann man sie mit weichen Tüchern abpolstern.

Anwachsprobleme bei Gartenpflanzen entstehen gelegentlich durch die **falsche Pflanztiefe**. Pflanzenwurzeln dienen der Verankerung der Pflanze am Standort und der Aufnahme von Wasser und Nährstoffen, sie brauchen aber auch ausreichend Luft. Die Versorgung der Wurzeln mit Luft hängt vor allem von den physikalischen Eigenschaften des Bodens ab, mit zunehmender Bodentiefe sinkt der Luftgehalt. Gelangen ehemals oberflächennahe Wurzeln bei der Pflanzung in tiefere, schlechter mit Sauerstoff versorgte Bodenschichten, sterben sie ab und verfaulen. Bei sandig-steinigen Böden gelingt es den Pflanzen manchmal, ausreichend neue Wurzeln senkrecht nach oben in besser mit Sauerstoff versorgte Bodenschichten auszubilden, bei schweren lehmig-tonigen Böden sind nachhaltige Schäden bis zum Absterben der Pflanzen zu erwarten.

Wurzelnackte Gehölze sind so zu pflanzen, dass sich ihr Wurzelan-

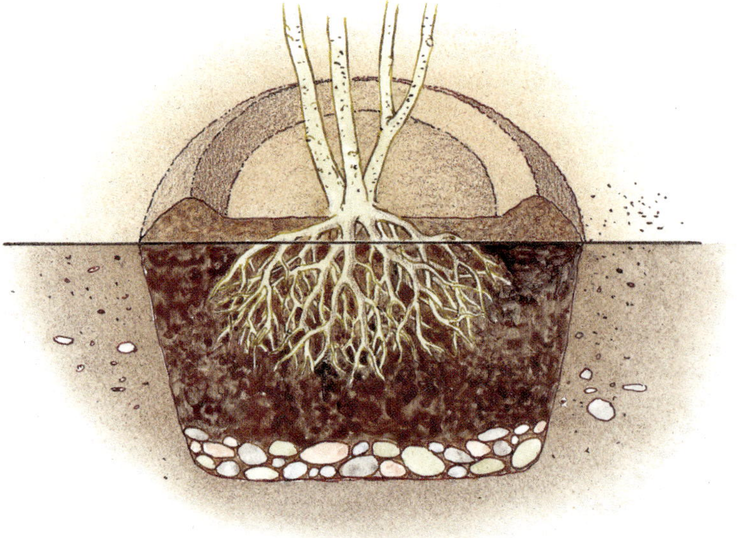

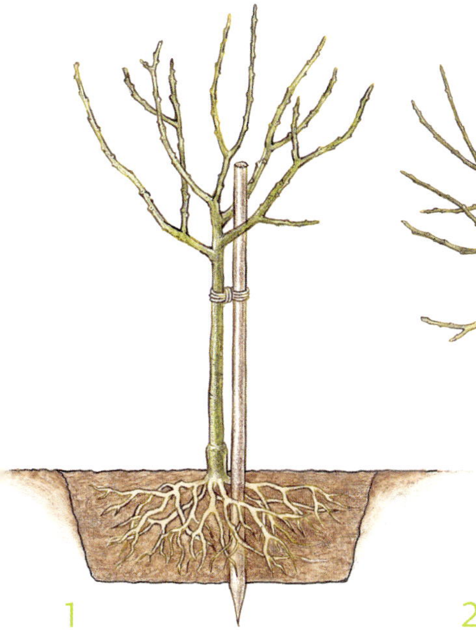

1

2

3

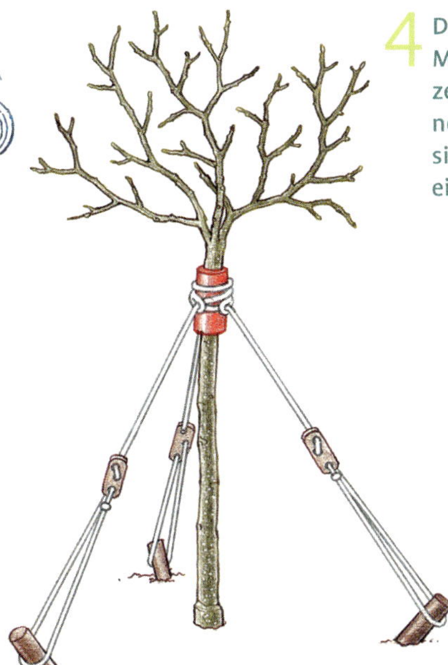

4

1 Für die Sicherung eignet sich bei einem kleinen, wurzelnackt gepflanzten Hochstamm ein Einzelpfahl. Er wird parallel zum Stamm eingeschlagen, der Stamm wird daran mit einem Kokosstrick fest angebunden.

2 Bei größeren Hochstämmen sind Drei- oder Vierböcke erforderlich. Die Pfähle werden an ihren oberen Enden mit Latten verbunden, der Stamm wird an allen Pfählen fest fixiert.

3 Bei Ballengehölzen muss der Pfahl schräg, möglichst gegen die Hauptwindrichtung geneigt, eingeschlagen werden, um keine Wurzeln zu beschädigen.

4 Darüber hinaus gibt es die Möglichkeit, Großpflanzen mit Seilen zu verspannen oder unterirdische, nicht sichtbare Ballenfixierungen einzusetzen.

lauf knapp über der Erdoberfläche befindet. Bei veredelten Gehölzen gelten teilweise besondere Regeln: Die Veredlungsstelle von Rosen sollte etwa 5 cm unter der Erdoberfläche liegen, bei Obstgehölzen befindet sich die Veredlung dagegen oberhalb der Erdoberfläche. Ballen- und Topfpflanzen müssen grundsätzlich genauso gepflanzt werden, wie sie zuvor gestanden haben, die Ballenoberkante entspricht also der Bodenoberfläche.

Bei sehr schweren **Großgehölzen** wird das Pflanzsubstrat nach der Pflanzung noch etwas zusammensacken. Ein in optimaler Tiefe gesetztes Gehölz sitzt daraufhin vielleicht schon bald deutlich zu tief im Boden. Vor allem wenn die Sohle des Pflanzlochs besonders gut gelockert wurde, ist mit einer solchen nachträglichen Setzung zu rechnen. Großgehölze pflanzt man deshalb eher etwas höher ein, der Baum steht dadurch zunächst auf der Kuppe eines kleinen Hügels. Allerdings muss dann ein besonders ausgeprägter Gießrand angelegt werden, um die Wasserversorgung während der Anwachsphase zu sichern.

Wird Erde im Umfeld längst eingewachsener Gehölze aufgefüllt, kann es auch hier zu Schäden an den Feinwurzeln wegen **Sauerstoffmangel** kommen. Dies geschieht öfter im Zuge einer Gartenumgestaltung. Erdauffüllungen im Wurzelbereich eingewachsener Gehölze sind unbedingt zu vermeiden. Ist aus baulichen oder gestalterischen Gründen eine Anhebung des Bodenniveaus erforderlich, muss ein leichtes und dauerhaft sehr gut luftführendes Substrat wie Lavagranulat verwendet werden.

Eine zügige Wurzelentwicklung am neuen Standort ist nur möglich, wenn nach der Pflanzung keine mechanischen Kräfte auf die Wurzeln einwirken. Großgehölze müssen daher sachgerecht verankert werden. Ohne eine **sichere Fixierung** überträgt der Stamm wie ein Hebelarm alle einwirkenden Windkräfte in den Wurzelballen. Dort kommt es zu Bewegungen zwischen Wurzelballen und umgebendem Erdreich. Schon Bewegungen von wenigen Millimetern genügen, um die zarten, brüchigen Feinwurzeln, mit denen die Pflanze gerade in das umgebende Erdreich einwachsen will,

▶ **Flach wurzelnde gärtnerische Kulturen wie Rasen oder viele Sommerblumen müssen häufiger und mit geringerer Wassermenge gegossen werden. Im Vergleich dazu werden Rosen, Sträucher oder Bäume mit tief reichenden Wurzeln in eher großen Zeitabständen, aber mit hoher Wassermenge bewässert.**

immer wieder abzureißen. In den Jahren nach der Pflanzung muss regelmäßig kontrolliert werden, ob die Fixierung noch funktionsfähig ist und ob die Bindematerialien nicht zu eng am Stamm anliegen. Wie lange die Baumfixierung notwendig ist, hängt von zahlreichen Faktoren ab. Je größer die Pflanze, desto länger muss die Fixierung bleiben, mindestens für drei Jahre sollte man sie auch bei kleineren Gehölzen funktionsfähig erhalten.

Richtwerte zur Wasseraufnahmefähigkeit von Böden

Bodenart	Wasserspeichervermögen (verfügbares Wasser) in l je m² und 30 cm Bodenschicht
Sand	25
sandiger Lehm	40
Lehm	55
schluffiger Lehm	65
toniger Lehm	60
Ton	50

Bewässerung

Die bedarfsgerechte Versorgung mit Wasser spielt vor allem in den ersten Jahren nach der Pflanzung eine entscheidende Rolle für ein vitales Pflanzenwachstum. **Erhöhten Wasserbedarf** haben Pflanzen mit stark eingeschränktem Wurzelraum in Trögen, auf Dachgärten oder wenn Pflanzungen an Wege angrenzen. Der Wassergehalt in Pflanzen ist sehr hoch und liegt artabhängig zwischen 60 und 90 %, bei Wasserpflanzen bis 98 %. Sobald der Wassergehalt unter eine bestimmte Schwelle absinkt, sind die Lebensvorgänge nur noch eingeschränkt möglich. Über ihre Oberfläche verlieren die Landpflanzen ständig Wasser, das sie durch die Wasseraufnahme über die Wurzeln ersetzen müssen.

Pflanzen verbrauchen unterschiedlich viel Wasser, was von zahlreichen äußeren Faktoren beeinflusst wird. Insbesondere die Temperatur, die Windverhältnisse und die relative Luftfeuchte bestimmen den Wasserverbrauch. Wurzeln von Landpflanzen dürfen nicht längerfristig im Wasser stehen, da sie zur **Atmung** auch Sauerstoff benötigen. Aus diesen Anforderungen ergibt sich eine theoretisch einfache Bewässerungsregel (die sich in der Praxis nicht so leicht einhalten lässt): Der Boden muss vor dem Gießen so weit abtrocknen können, dass die Feinwurzeln ausreichend Sauerstoff erhalten. Nach dem Gießen sollte die durchwurzelte Bodenschicht gleichmäßig durchfeuchtet sein.

Feste und allgemeingültige Angaben über die **benötigte Wassermenge** je Gießvorgang und den erforderlichen Abstand zwischen den Bewässerungsgängen sind nicht möglich. Wassermengen unter 10 l / m² sind auf jeden Fall zu wenig. Sie benetzen nur die alleroberste Bodenkrume und entsprechend hoch sind dann die Verluste durch Verdunstung. Als Orientierung für die Gießwassermenge dient das Wasserspeichervermögen des Bodens. Lehmige Böden nehmen Wasser nur sehr langsam auf, so dass Gießwasser schnell oberflächlich abfließt. Dadurch wird manchmal eine Wassersättigung des Bodens suggeriert, obwohl in wenigen Zentimetern Tiefe noch völlige Trockenheit herrscht. Wie oft man gießt, richtet sich vor allem nach den Tagestemperaturen und der Verdunstungsoberfläche im Verhältnis zum durchwurzelten Erdvolumen. Selbst bei flach wurzelnden Pflanzen wie Rasengräsern reichen **Bewässerungsabstände** von etwa drei bis vier Tagen auch bei Tagestemperaturen von über 30 °C völlig aus. Nach Möglichkeit wird in den frühen Morgenstunden beregnet. So vermeidet man Verbrennungsschäden, und die Blattoberflächen trocknen – im Gegensatz zu einer Beregnung am Abend – schneller ab. Damit ist die Infektionsgefahr durch Schadpilze geringer.

Manchmal kann es notwendig sein, sogar während eher feuchten Witterungsphasen zu gießen. Stehen Pflanzen mit ausladender Krone in Pflanzbeeten, die von befestigten Flächen umgeben sind, gelangt nur ein Bruchteil des natürlichen Niederschlagswassers in den Wurzelbereich der Pflanzen. Ein großer Teil des Niederschlagswassers läuft über den Kronenmantel ab und fließt über die befestigten Flächen ungenutzt ab.

Düngung

Die bedarfsgerechte Versorgung mit Nährstoffen wirkt sich entscheidend auf das Gedeihen und die Widerstandskraft der Pflanzen aus. Neben den Hauptnährstoffen Stickstoff, Phosphor und Kalium benötigen Pflanzen eine Vielzahl von Spurenelementen für ihre Entwicklung. Die erforderlichen Nährelemente sind in mineralischer oder organischer Form im Boden vorhanden. Die intensive gärtnerische Nutzung entzieht dem Boden laufend Nährstoffe, die dann in den Folgejahren für ein gesundes Wachstum fehlen.

Düngemaßnahmen sind immer dann erforderlich, wenn regelmäßig abgeerntet wird. Mit den Pflanzenteilen werden Nährstoffe dem natürlichen Kreislauf entnommen. Im Hausgarten brauchen daher Gemüsebeete, Rasenflächen und Obstanlagen eine regelmäßige Düngung. Extensiv genutzte Gartenbereiche wie z. B. Gehölzpflanzungen oder naturnahe Staudenzonen kommen fast ohne zusätzliche Düngung aus. Ein annähernd natürlicher Kreislauf lässt sich simulieren, wenn Falllaub in der Pflanzung belassen wird.

▶ **Eisen benötigen die Pflanzen für die Bildung von Blattgrün. Auf eine Unterversorgung mit dem wichtigen Spurenelement reagieren sie zunächst mit weniger intensiv grün gefärbten jüngsten Blättern. Bei länger anhaltendem Mangel werden die Blätter von den Blattspitzen und vom Blattrand ausgehend gelb, die Blattadern bleiben noch lange grün. Später kann das aufgehellte („chlorotische") Blattgewebe auch vom Rand her absterben.**

Ob Düngemaßnahmen notwendig sind, lässt sich am besten durch regelmäßige **Bodenuntersuchungen** feststellen. Die Messungen bestimmen den Anteil an verfügbaren Nährstoffen; daraus wird eine Düngeempfehlung abgeleitet. Neben dem absoluten Nährstoffgehalt des Bodens haben aber auch andere Faktoren einen Einfluss auf die Pflanzenernährung. Besonders der Säuregrad des Bodens wirkt sich auf die Verfügbarkeit der Nährstoffe aus. Bei einem ungünstigen pH-Wert kann es zu Mangelerscheinungen kommen, obwohl die Nährstoffe im Boden in ausreichender Menge vorhanden sind. Besonders häufig tritt Eisenmangel an Gartenpflanzen auf. Bestimmte Gattungen oder Arten reagieren besonders empfindlich auf eine behinderte Eisenaufnahme.

Bei einer Bodenuntersuchung wird fast immer ein ausreichend hoher Eisengehalt des Bodens nachgewiesen, nur kann die Pflanze das Eisen nicht in ausreichender Menge aufnehmen. Als Ursache kommt eine stark eingeschränkte Wurzelatmung auf staunassen Böden in Frage, auch ein Überschuss an Schwermetallen oder Phosphat kann die Eisenaufnahme behindern. Meist führt aber ein zu hoher pH-Wert des Bodens zu einer starken Eisenfestlegung.

Gegen **akute Eisenmangelsymptome** wirken spezielle Eisendünger, die aber auf die Bodenverhältnisse abgestimmt sein müssen. Die meisten Eisenpräparate eignen sich nur für saure Böden bis zu einem pH-Wert von 6. Bei höheren pH-Werten sind Produkte erforderlich, die auch in alkalischen Böden für die Pflanzen verfügbar bleiben. Als sehr gut geeignet haben

Pflanzen, die häufig Chlorosen durch Eisenmangel zeigen

Botanischer Name	Deutscher Name
Catalpa bignonioides	Trompetenbaum
Rhododendron-Arten	Rhododendron
Chaenomeles- Arten	Zierquitte
Quercus palustris	Sumpf-Eiche
Sciadopytis verticillata	Schirmtanne

sich Eisendünger auf EDDHA-Basis (z. B. Sequestren Fe Granulat) erwiesen. Diese Dünger werden gestreut oder in Wasser aufgelöst gegossen. Ist die Nährstoffaufnahme über die Wurzel durch ungünstige Bodenverhältnisse blockiert, kann man geeignete Nährstofflösungen über die Pflanzenoberfläche ausbringen. Ältere Blätter nehmen jedoch kaum noch Nährstoffe auf, so dass Blattdüngungen nur im Frühjahr und Frühsommer sinnvoll sind.

Abgesehen von gelegentlichen Mangelerscheinungen durch fehlende oder im Boden festgelegte Spurenelemente spielt **Nährstoffmangel** in den intensiv gepflegten Hausgärten eine eher untergeordnete Rolle. Nachhaltige Pflanzenschäden beruhen viel häufiger auf einer extremen Nährstoff-Überversorgung der Böden. Die Folgen reichen von verringerter Frosthärte über erhöhte Krankheits- und Schädlingsanfälligkeit bis zu Salzschäden an den Wurzeln, die verminderten Wuchs, Chlorosen und absterbendes Laub zur Folge haben. Düngemaßnahmen im Garten müssen sich dem Versorgungszustand des Bodens und dem Nährstoffentzug durch die Kulturpflanzen anpassen. Wird regelmäßig Kompost ausgebracht, müssen dessen meist recht hohe Nährstoffgehalte berücksichtigt werden! ■

Verletzungen an Stammfuß und Stamm

■ Ursache für kümmernde Gehölze im Garten können auch Verletzungen an Stamm oder Stammfuß sein. Bei einem **unsachgemäßen Transport** der Gehölze von der Baumschule zum Garten wird manchmal das Kambium gequetscht. Daneben spielen witterungsbedingte Stammschäden oder bei Kulturarbeiten verursachte Verletzungen am Stammfuß eine Rolle. Stammschäden lassen sich naturgemäß nicht ausschneiden wie es bei Astverletzungen in der Krone möglich ist. Sie führen in vielen Fällen langfristig zum Baumtod.

Anfahrverletzungen durch den Rasenmäher können zu umfangreichen Stammwunden führen. Die zerfaserten Wundränder werden oft nur sehr langsam überwallt. Auch der rotierende Nylonfaden von Rasentrimmern kann an jungen Bäumen großflächige Rindenverletzungen verursachen. Wo es zu solchen Verletzungen kam, schneidet man die zerfaserten Wundränder glatt, um die Kallusbildung zu beschleunigen. Bei Verletzungen im Spätherbst sollte man den Wundrand mit einem Wundverschlussmittel verstreichen, um das Kambiumgewebe vor einem weiteren Zurücktrocknen zu schützen.

▶ **Verletzungen durch Anfahren mit dem Rasenmäher lassen sich dadurch verhindern, dass der Rasen nicht bis zum Stamm reicht. Stattdessen wird eine mit Rindenmulch bedeckte Baumscheibe um den Stamm angelegt.**

Bei frei stehenden Hochstämmen löst sich einige Jahre nach der Pflanzung häufig die Borke auf der sonnenexponierten südlichen Stammseite ab. Meist war das Rindengewebe dann hoher **Lichtintensität** ausgesetzt, während es sich im geschlossenen Bestand des Baumschulquartiers im Schatten entwickeln konnte. Unmittelbar nach Eintritt des Schadens ist makroskopisch keine Veränderung am Stamm festzustellen, auch in den ersten Jahren danach stellt man bei einer genauen Untersuchung des Stammes nur leicht eingesunkene Rindenpartien fest. Erst nach mehreren Jahren werden die Schäden offensichtlich: Das

sekundäre Dickenwachstum des Stammes bewirkt, dass das tote und deshalb nicht mehr mitwachsende Rindengewebe aufplatzt.

Solche Stammschäden lassen sich verhindern, wenn die Stämme an sonnigen Standorten mit geeigneten Materialien beschattet werden. Dafür sind in Lehmbrei getauchte Jutewickel oder Schilfrohrmatten geeignet. Die organischen Materialen werden im Laufe der Jahre zersetzt und verlieren so langsam ihre Beschattungsfunktion. Das Rindengewebe passt sich der Veränderung der Lichtintensität an und entwickelt robustes Abschlussgewebe.

An kalten und sonnigen Wintertagen sind Hochstämme durch **Frostrisse** gefährdet. Die sonnenbeschienene Südseite des Stammes erwärmt sich stärker als die Nordseite, durch die unterschiedliche Ausdehnung des Gewebes kann es zu Spannungen im Stamm kommen, die sich in einem Längsriss entladen. Solche Risse erfassen nicht nur die Rinde, sondern dringen tief in das Holz ein. ■

▲ Krasse Temperaturunterschiede innerhalb eines Stammes sind zu vermeiden, damit es nicht zu Frostrissen kommt. Altbewährt ist das Kalken der Stämme, wie es bei Obstbäumen traditionell durchgeführt wird. Durch die höhere Reflexion an der dann weißen Borke steigt die Temperatur auf der Südseite des Stammes weniger stark an. Auch Schilfrohrmatten können durch ihre Schattierwirkung dazu beitragen, das einseitige Aufheizen des Stammes zu verhindern.

▶ Sonnenbrand führt zu großflächigen Rindenschäden. Die Dicke der Kalluswülste am Wundrand kann Aufschluss über das Alter des Schadens geben. In den geschädigten Bereichen entwickeln sich häufig schon nach kurzer Zeit Fruchtkörper holzbewohnender Schwächeparasiten, meist lässt sich der Spaltblättling (*Schizophyllum commune*) nachweisen.

Bodenbürtige Krankheitserreger

■ Werden Pflanzen von bodenbürtigen Pilzen befallen, welken sie und sterben meist innerhalb kurzer Zeit ab. Eine Bekämpfung dieser Schaderreger in der befallenen Pflanze ist in den meisten Fällen nicht möglich. Trotzdem ist es wichtig, einen Befall frühzeitig zu diagnostizieren, um rechtzeitig Maßnahmen zum Schutz benachbarter Pflanzen treffen zu können. In den Gärten tritt häufig der Hallimaschpilz (*Armillaria mellea*) auf, der Wirtelpilz (*Verticillium*) und die durch *Phytophthora*-Arten verursachte Wurzel- oder Stammfußfäule. Die Erreger dringen meistens über Wurzelverletzungen in ihre Wirtspflanzen ein. Intakte Wurzeloberflächen sind aber grundsätzlich kein Infektionshindernis für diese Pathogene. Durch Schaderregerbefall, Trockenheit oder Staunässe vorgeschädigte Pflanzen werden besonders schnell befallen, diese Erreger können aber auch vitale Pflanzen infizieren. Alle bodenbürtigen Pilze können viele Jahre im Boden überdauern.

Auch Bakterienkrankheiten, die Wurzel oder Wurzelhals infizieren, können die ganze Pflanzen abtöten. Ähnlich wie die bodenbürtigen Pilze überdauern die Bakterien jahrelang im Boden und erschweren so die Bekämpfung.

Hallimaschpilz

Der Hallimaschpilz (*Armillaria mellea*) kommt in verschiedenen Rassen vor und kann alle Laub- und Nadelgehölz-Arten befallen. Konnte der Erreger über die Wurzeln in ein Gehölz eindringen, wächst er in Richtung des Stammfußes und zerstört hier das Kambiumgewebe. Dadurch wird zunächst die Versorgung der Pflanze behindert, der Pilz breitet sich aber sehr rasch stammumfassend im Kambium aus und die befallenen Gehölze sterben innerhalb kürzester Zeit vollständig ab. Die etwa 10 cm großen, meist hellbraun gefärbten Hutpilze sind die Vermehrungsorgane des Hallimaschpilzes. Sie wachsen am Stammfuß oder brechen im Traufbereich des Gehölzes aus dem Boden hervor; oft entwickeln sie sich erst einige Jahre nach dem Absterben des Baumes. Ein Befall durch den Hallimaschpilz lässt sich aber auch schon vor Erscheinen der Fruchtkörper recht einfach diagnostizieren. Oft löst sich die Borke schon von alleine ab, sonst muss der Stammfuß zum Auffinden der lockeren Borkenplatten abgeklopft werden. Nach dem Ablösen der Borkenplatten sind neben den charakteristischen weißen Pilzfadengeflechten manchmal auch derbe, dunkel gefärbte Myzelstränge unter der Rinde zu sehen. Diese Rhizomorphen sind auch im Boden zu finden, mit ihnen breitet sich der Pilz von Pflanze zu Pflanze aus.

↗ Der Hallimaschpilz gilt als eines der größten Lebewesen der Erde; in den USA wurden Einzelexemplare gefunden, die sich über mehrere Hektar Fläche ausgedehnt hatten! Daher ist es nicht möglich, den Erreger aus dem Garten zu entfernen, indem man den abgetöteten Baum und sein durchwurzeltes Erdvolumen ausgräbt. Trotzdem sollten befallene und abgestorbene Gehölze mit einem möglichst großen Teil der verholzten Starkwurzeln rasch gerodet

▼ **Die fächerartig zwischen Holzkörper und Borke angeordneten weißen Pilzfadengeflechte sind ein deutlicher Hinweis auf einen Befall durch den Hallimaschpilz.**

werden. Da der Erreger auch auf Totholz existieren kann, schwächt man so die Vitalität des Hallimaschpilzes.

- Für eine Nachpflanzung wird ein besonders großes Pflanzloch ausgehoben und mit nicht befallener Erde aufgefüllt. Zumindest in den ersten Jahren sollte man dem Ersatzgehölz einen nicht vom Hallimasch besiedelten Boden anbieten. Als Ersatz für ein Gehölz bieten sich Bambus oder Großstauden an: Sie sind keine Wirtspflanzen des Hallimaschpilzes.

Wirtelpilz

Der Wirtelpilz (*Verticillium*) wächst in den Leitungsbahnen von krautigen Pflanzen oder Laubgehölzen. Er verstopft das Leitgewebe zunehmend und behindert den Wassertransport. Eine Infektion durch den Wirtelpilz an Gehölzen äußert sich zunächst meist nur durch eine partielle, oft scheinbar reversible Welke. Besonders bei trockenheißer Witterung hängen die Blätter eines Kronenteils schlaff herab, sobald es wieder kühler und regnerischer wird, erholen sich die Pflanzen und das Laub erscheint wieder gesund. Es handelt sich aber nicht um eine Gesundung: Solange die Leitbahnen nur teilweise verstopft sind, genügen in kühlen Phasen die restlichen, noch funktionsfähigen Gefäße für den Transport der benötigten Wassermenge. Mittelfristig sterben größere Kronenteile ab, langfristig ist mit dem Tod der ganzen Pflanze zu rechen.

- Da Gehölze manchmal viele Jahre mit einer *Verticillium*-Infektion leben können, hängen geeignete Maßnahmen vom jeweiligen Einzelfall ab. Steht die befallene Pflanze in einem Bestand, sollte die erkrankte Pflanze möglichst rasch gerodet werden, damit sich der Erreger nicht weiter ausbreitet. Einzeln in einer Rasenfläche stehende oder gar in Kübeln wachsende befallene Gehölze dürfen noch so lange stehen bleiben, wie ein einigermaßen zufriedenstellendes Bild gewährleistet ist. Bei ihrem isolierten Wurzelbereich besteht keine Ansteckungsgefahr für potenzielle Wirte. Sind Nachpflanzungen vorgesehen, sollte man ein besonders großzügiges Pflanzloch ausheben.

- *Verticillium* befällt praktisch alle Laubgehölze, der Pilz wird besonders häufig an Ahorn, Strauch- und Rosskastanie, Linde oder Trompetenbaum nachgewiesen. Nicht befallen werden Nadelgehölze und Gräser, also auch Bambus. *Verticillium* tritt auch als Welkeerreger an einjährigen Sommerblumen oder Gemüse-Arten wie Gurken, Tomaten oder Auberginen auf. Bei Sommerastern und Tomaten sind resistente Sorten erhältlich.

Wurzel- oder Wurzelhalsfäule

Manche *Phytophthora*-Arten verursachen eine umfassende Wurzel- oder Wurzelhalsfäule. Sie dringen ebenfalls über die Wurzeln in ihre Wirtspflanzen ein und können alle Laub- und Nadelgehölze, Einjährige, Stauden und Gemüsepflanzen befallen. In den Gärten tritt der Erreger besonders oft an blaunadeligen Scheinzypressen und Rhododendren auf. Der

Ein Befall durch den Wirtelpilz (*Verticillium*) lässt sich recht eindeutig ohne größeren Untersuchungsaufwand diagnostizieren. Wird ein geschädigter Ast angeschnitten, sind streifenförmige dunkle Verfärbungen zu erkennen. Im Querschnitt sind diese kreisförmig angeordnet und umfassen oft nur einzelne Kreissektoren.

▶ **Massive Infektionen durch die Kraut- und Braunfäule lassen sich einfach und zuverlässig verhindern, indem man Blattnässe möglichst vermeidet. Tomaten bewässert man daher nie über Kopf! Um die natürlichen Niederschläge vom Laub der Tomaten abzuhalten, kann man die Tomatenreihen mit Foliendächern überbauen, entsprechend häufiger muss man gießen.**

Pilz zerstört das Kambiumgewebe. Schneidet man das Gewebe am Stammfuß an, sind meist dunkelbraune Verfärbungen zu finden. Zu Beginn der Krankheitsentwicklung welkt oft nur ein Teil der befallenen Pflanze, Scheinzypressen werden schlagartig fahl. Mit der Zeit breitet sich der Erreger aber stammumfassend aus, so dass die infizierten Pflanzen absterben.

↗ Die meisten *Phytophthora*-Arten sind feuchteliebende Pilze und werden durch stauende Nässe im Boden sehr gefördert. Befallene Pflanzen müssen sofort gerodet werden. Der Boden sollte großzügig ausgetauscht werden, um einer raschen Neuinfektion von Ersatzpflanzen vorzubeugen.

↗ Auf Gießbehandlungen mit fungiziden Präparaten sollte man im Haus- und Kleingarten verzichten. Die Ballen neu gekaufter Pflanzen können noch in der Gärtnerei in eine entsprechende Fungizidbrühe getaucht werden, damit die Pflanzen einen gewissen Anfangsschutz mitbringen.

Kraut- und Braunfäule

Bei Tomaten bringt eine Infektion durch die Kraut- und Braunfäule (*Phytophthora infestans*) die Pflanzen rasch zum Absterben. Am infizierten Laub entwickeln sich braune bis schwarze Flecken. Der Pilz befällt auch die Früchte und verursacht dort braune Faulstellen. Der Erreger dringt meist über das Laub in seine Wirtspflanzen ein. Der Pilz ist dazu auf eine ausreichend lang benetzte Blattoberfläche angewiesen. Sobald der Erreger in den Stängel der Tomatenpflanze eindringen konnte und das Gewebe umfassend zerstört hat, stirbt der Pflanzenteil oberhalb der Infektionsstelle ab.

↗ Der Pilz kann im Boden überdauern, daher sollten Tomatenbeete jedes Jahr an einer anderen Stelle angelegt werden. Tomatenstäbe aus Holz dürfen nicht wieder verwendet werden.

↗ In feuchten Sommern können auch Fungizide gegen die Braunfäule eingesetzt werden.

◀ **Der Wurzelkropf tritt an sehr vielen verschiedenen Pflanzenarten auf, sowohl an krautigen Zierpflanzen als auch an Gehölzen. Unter den Gehölzen sind oft Obstbäume und andere Rosengewächse sowie die Rosen selbst betroffen.**

↗ Der Erreger befällt auch Kartoffeln, wo er ähnliche Laubschäden verursacht. Tomatenbeet und Kartoffelacker sollten daher möglichst weit voneinander entfernt liegen. Einige Tomatensorten gelten als tolerant gegenüber dem Erreger, diese sollte man bevorzugt anbauen.

Wurzelkropfbakterium

Das Wurzelkropfbakterium (*Agrobacterium tumefaciens*) verursacht an den Wurzeln, Zweigen oder Ästen seiner Wirtspflanzen auffällige knotige, mit Gewebe angefüllte Wucherungen. Diese behindern zunächst die Versorgung der darüber liegenden Pflanzenteile, mit zunehmendem Wachstum der Wucherung ist bald keine Versorgung mehr möglich und die betroffenen Pflanzenteile sterben ab. Häufig bilden sich die Wucherungen an Wurzeln oder am Wurzelhals und die gesamte Pflanze wächst nur noch langsam. Weil Vergleichspflanzen fehlen, werden die Wuchshemmungen oft erst sehr spät bemerkt.

Da sich die charakteristischen Gewebewucherungen meist unter der Erdoberfläche befinden, kann sich ein Wurzelkropfbefall manchmal mehrere Jahre unbemerkt in einer Pflanzung ausbreiten. Die Bakterien können nur über Wunden oder natürliche Öffnungen in die Pflanzen eindringen, nicht jedoch über die intakte Pflanzenoberfläche.

Auf staunassen Böden tritt Wurzelkropf verstärkt auf. Als Reaktion auf den Sauerstoffmangel im Boden sind die Lentizellen (Korkwarzen für den Gasaustausch) an den Wurzeln vergrößert; sie dienen den Bakterien als Eintrittspforten. Sind die Bakterien in ihre Wirtspflanze eingedrungen, werden sie über den Saftstrom in der ganzen Pflanze verbreitet. Deshalb bringt es gar nichts, die Gewebewucherungen auszuschneiden, befallene Gehölze bleiben infiziert.

↗ Wurde ein Befall durch das Wurzelkropfbakterium nachgewiesen, sind Entscheidungen wie bei einem Befall durch den Wirtelpilz zu treffen: Steht die Pflanze isoliert in einem Kübel, kann man sie so lange halten, bis sie eines Tages ganz abstirbt.

↗ Handelt es sich jedoch um einen geschlossenen Pflanzenbestand, muss die erkrankte Pflanze mit ihren Wurzeln sofort herausgenommen, der Boden möglichst entfernt und beides entsorgt werden. Andernfalls ist die Gefahr sehr groß, dass sich die Bakterienkrankheit innerhalb der Pflanzung ausbreitet und so mit der Zeit den ganzen Bestand verseucht. ■

Fraßschäden an Wurzeln

■ Bei Grabe- oder Pflanzarbeiten im gesunden Gartenboden sind immer sehr viele auch mit bloßem Auge sichtbare Tiere zu finden. Neben Regenwürmern kommen vor allem Insekten und deren Larven zu Tage. Diese und unzählige mikroskopisch kleine Organismen erfüllen eine wichtige Aufgabe im natürlichen Kreislauf; sie helfen beim Abbau abgestorbener organischer Substanz oder ernähren sich von anderen Bodentieren. Gartenböden sind aber auch Lebensraum für Tierarten, die sich von Pflanzenwurzeln ernähren und so die Gartenpflanzen schädigen können.

Maikäfer und andere Blatthornkäfer

Unter den **Blatthornkäfern** (*Scarabaeidae*) gibt es sowohl sehr schädliche Arten wie den **Feldmaikäfer** (*Melolontha melolontha*) als auch indifferente Arten wie den **Gewöhnlichen Rosenkäfer** (*Cetonia aurata*). Da sich die Larven der verschiedenen Arten sehr ähneln, müssen sie bestimmt werden, bevor irgendwelche Bekämpfungs-Maßnahmen einsetzen.

Einen ersten Hinweis auf die vorliegende Art gibt zunächst der Fundort der Engerlinge: Im gewachsenen Gartenboden sind meist die schädlichen, an den Pflanzenwurzeln fressenden Engerlinge der *Melolontha-*, *Amphimallon-* oder *Phyllopertha-*Arten zu finden, bei Engerlingen in Blumenkästen, im Kompost und in Rindenmulchschichten handelt es sich meist um Rosenkäferlarven, die sich vor allem von vermodernden pflanzlichen Stoffen ernähren. Sie müssen nicht bekämpft werden. Eine sichere Unterscheidung ist aber nur durch den Fachmann möglich.

Die schädlichen Blatthornkäferlarven verbringen zwischen einem und vier Jahren im Boden; die Entwicklungsdauer hängt auch von den Temperaturen ab. Entsprechend groß können die Schäden durch die Engerlinge sein, die an Wurzeln von Gräsern, Stauden oder Gehölzen fressen. Ein Besatz kann zum Absterben von Sträuchern und mittelgroßen Obstbäumen führen. Auf stark besiedelten Rasenflächen stirbt der Rasen großflächig ab. Die erwachsenen Blatthornkäfer ernähren sich von den Blättern verschiedener Laubgehölze. Treten sie in Massen auf, kommt es zu Kahlfraß in Obstanlagen oder an Waldbäumen.

Die erwachsenen Käfer schlüpfen im Frühjahr und legen nach einem kurzen Reifungsfraß ihre Eier in lockeren Boden ab. Die Engerlinge fressen zunächst an feinen Wurzeln, größere Stadien befressen auch stärkere, verholzte Wurzeln. Die Engerlinge wandern bei großer Trockenheit oder Frost in tiefere Bodenschichten ab. Wenn sie nach mehreren Fraßjahren ausgewachsen sind, verpuppen sie sich im Boden. Die Jungkäfer schlüpfen meist im Herbst, bleiben aber noch bis zum nächsten Frühjahr im Boden, um dann bei ausreichender Wärme auszuschwärmen.

▶ **Gelegentlich sind in der Gartenerde auffällig große Käferlarven zu finden. Die je nach Art bis zu 3,5 cm langen, cremeweiß gefärbten Engerlinge mit der hellbraunen Kopfkapsel und den sechs Beinen am Vorderleib sind die Larven verschiedener Blatthornkäfer.**

↗ Die Bekämpfung von Blatthornkäfer-Engerlingen ist sehr schwierig. Da Maikäfer zur Eiablage lückige Pflanzenbestände bevorzugen, sollte man auf dichte Pflanzenbestände ohne unbepflanzte Stellen achten.

↗ Befinden sich schon Engerlinge im Boden, können die Larven durch wiederholte intensive Bodenbearbeitung mechanisch vernichtet werden. Da sich die Engerlinge nur bei feuchter und warmer Witterung in den oberen Bodenschichten aufhalten, richtet eine Bodenbearbeitung bei Trockenheit oder im Winter kaum etwas gegen die Larven aus.

- Natürliche Gegenspieler der Käfer sind vor allem Fledermäuse, Stare und Krähen; Engerlinge werden auch von Maulwurf, Dachs und Igel erbeutet.

- In **Obstanlagen** kann es sinnvoll sein, im Frühjahr von Flugjahren Netze auf dem Boden auszulegen. Sie verhindern, dass die aus dem Boden kommenden Käfer wegfliegen. Die Käferweibchen können jedoch unter den Netzen auch ohne Reifungsfraß fertile Eier ablegen. Sie müssen daher zusätzlich mit einem Insektizid bekämpft werden. Die Netze unterbinden außerdem den Zuflug von Käfern auf die abgedeckten Flächen.

- Die **biologische Bekämpfung** des Schädlings mit Hilfe eines Pilzes, der die Engerlinge im Boden abtötet, wird seit geraumer Zeit erprobt und war vor allem in wärmeren Regionen erfolgreich. Auch insektenpathogene Nematoden befallen Blatthornkäferlarven. Vor allem gegen die *Melolontha*-Arten ist der Wirkungsgrad aber meist nur sehr gering.

Drahtwürmer

Insbesondere an Gemüsepflanzen, aber auch an Sommerblumen, Stauden, Zwiebelblumen oder Gehölzsämlingen verursachen Larven verschiedener Schnellkäfer (*Elateridae*) umfangreiche Schäden. Die als Drahtwürmer bezeichneten Larven können Pflanzen zum Absterben bringen. Die Larven benötigen artabhängig eine lange Zeit für ihre Entwicklung und können mehrmals überwintern, dazu ziehen sie sich in tiefere Bodenschichten zurück. Sie verpuppen sich in einer selbst angelegten Erdhöhle, die Jungkäfer erscheinen etwa im Mai.

Die erwachsenen Käfer verursachen nur selten Schäden an Pflanzen, obwohl sie sich von pflanzlichem Gewebe ernähren. Dagegen können ihre Larven massive Schäden an Kulturpflanzen anrichten. Am bedeutendsten sind die Schäden bei Wurzelgemüse: Die Larven bohren sich in die verdickten Wurzeln ein und entwerten damit in manchen Jahren die komplette Ernte. Jungpflanzen welken, wenn Käferlarven an den Wurzeln oder am Wurzelhals fressen. Größere Pflanzen reagieren mit nachlassender Wuchskraft und werden über die Fraßverletzungen schneller von Schadpilzen befallen.

▲ **Drahtwürmer sind meist gelb bis hellbraun gefärbt und besitzen eine derbe Chitinhülle. Die schlanken, im Querschnitt runden Larven werden etwa 3 cm lang und haben eine etwas dunklere Kopfkapsel, am Vorderleib sind sechs Beine erkennbar.**

- Die erwachsenen Käfer legen ihre Eier bevorzugt in Böden ab, die nach dem Umbruch von Wiesen in Kultur genommen wurden. Auf solchen Flächen verzichtet man besser auf gefährdete Kulturen, ebenso sollte man nicht mit frischem Stallmist düngen.

- Drahtwürmer dienen Laufkäfern und deren Larven, Maulwürfen und Vögeln als Nahrung.

- Auf besiedelten Flächen im Haus- und Kleingarten kann man versuchen, die Larven abzusammeln. Als Köder werden Kartoffelhälften oder Möhrenstücke auf den betroffenen Flächen ausgelegt oder leicht in die Erde eingedrückt. Die Schnellkäferlarven bohren sich mit Vorliebe in die Kartoffeln oder Möhren ein; man kann sie mit dem Köder absammeln und vernichten.

- Sind Pflanzbeete von Drahtwürmern besiedelt, bedeckt man sie ausnahmsweise nicht mit organischen Mulchmaterialien, sondern hackt besser regelmäßig und intensiv. Im Hausgarten ist es nicht nötig, Insektizide gegen Drahtwürmer einzusetzen.

Kohl- und andere Gemüsefliegen

An verschiedenen Gemüsekulturen können die Maden von Gemüsefliegen zu einem vollständigen

◀ **Die punktförmigen Fraßstellen der Zwiebelminierfliege sind eher störend als schädlich. Bald beginnt aber der Larvenfraß im Laub, der zu deutlich schwächerem Wuchs führt.**

Ernteausfall führen. Die erwachsenen Tiere sehen aus wie eine Stubenfliege und fallen kaum auf. Sie halten sich nur kurzzeitig in den Pflanzenbeständen auf, um dort ihre Eier in den Boden abzulegen. Daraus schlüpfen beinlose Maden, die zunächst an den Feinwurzeln ihrer Wirtspflanzen fressen. Bald bohren sie sich aber in die Hauptwurzel ein und fressen dort Gänge in den Wurzelkörper. Junge Pflanzen welken bald und sterben ab. Besonders bei Wurzelgemüse wie Rettich, Radies oder Möhren können die Schäden sehr groß sein, da über die großen Verletzungen sehr schnell Fäulniserreger eindringen.

Am häufigsten schädigen: Die Möhrenfliege (*Psila rosae*) an Möhren und verwandten Arten wie Dill, Kerbel oder Petersilie; die Kleine Kohlfliege (*Phorbia brassicae*) an Rettich, Radies und Kohlarten sowie die Zwiebelfliege (*Phorbia antiqua*) an Zwiebelgemüse. Die Schädlinge überwintern in der Regel als Puppe im Boden, es entwickeln sich zwei bis drei Generationen im Jahr.

- Zur Vorbeugung werden die Anbauflächen der gefährdeten Gemüse-Arten regelmäßig gewechselt. Generell können sich die zarten Fliegen in windoffenen Lagen weniger gut etablieren.
- Insektizide Streugranulate mit dem Wirkstoff Chlorpyrifos zeigen zwar Wirkung, doch sie schädigen die bodenbewohnenden Nützlinge.
- Im Haus- und Kleingarten hat sich die sofortige und dichte Abdeckung der Beete nach der Saat oder Pflanzung mit Kulturschutznetzen bewährt. Diese giftfreie Methode verhindert Schäden auf einfache Weise.

Wiesenschnake

Die Larven der Wiesenschnake (*Tipula paludosa*) können auf Rasenflächen zu großen Schäden führen. Oft wird der Schaden erst bemerkt, wenn Krähen bei der Suche nach den im Boden lebenden Larven die besiedelten Rasenflächen regelrecht umgraben.

Im Spätsommer schlüpfen die Larven aus den in den Boden abgelegten Eiern. Sie fressen vor allem an den unterirdischen Pflanzenteilen, bei feuchter Witterung kommen die Larven manchmal auch aus dem Boden und fressen an den Grashalmen. Der Fraß dauert den ganzen Herbst an und setzt im folgenden Frühjahr wieder ein. Etwa im Juni verpuppen sich die Larven im Boden, im Sommer sind dann gelegentlich die großen, bis etwa 2,5 cm langen, langbeinigen Mücken auf Wiesen zu finden.

- Um den Schaden zu begrenzen, kann man frühmorgens oder bei feuchtwarmem Wetter Larven von der Erdoberfläche absammeln.

▼ **Die schmutzig grauen, weichen, beinlosen Larven der Wiesenschnake werden etwa 4 cm lang und ernähren sich sowohl von sich zersetzender organischer Substanz als auch von lebendem Pflanzengewebe.**

- Gezielt lockt man sie aus dem Boden, wenn der Rasen nach einer durchdringenden Bewässerung kurzzeitig mit Folie abgedeckt wird.
- Wem das Absammeln zu mühsam ist, kann die Larven nach dem Abnehmen der Folie auch mit Insektiziden bekämpfen.
- Vögel, Igel und Maulwurf vertilgen Wiesenschnakenlarven.

Gefurchter Dickmaulrüssler

Vor allem in Moorbeeten, in Töpfen, Blumenkästen und Schalen sowie bei Dachbegrünungen können sich die Gefurchten Dickmaulrüssler (*Otiorhynchus sulcatus*) schnell etablieren. Zuerst fallen die charakteristischen buchtenförmigen Fraßstellen an den Blättern der Pflanzen auf. Die dunklen Käfer sind etwa 1 cm lang und können nicht fliegen. Dafür sind sie sehr schnell zu Fuß unterwegs und können sogar Hauswände erklimmen und sich so von Balkon zu Balkon ausbreiten.

Die nachtaktiven Käfer halten sich tagsüber in der Laubstreu oder in anderen geeigneten Verstecken auf. Sie fressen an allen Laub tragenden Pflanzen, unter den Nadelgehölzen ist nur die Eibe eine geeignete Futterpflanze. An den Eiben verursachen die Käfer nicht nur schartenförmige Fraßstellen an den Nadelrändern, sie nagen oft an der jungen Rinde der Zweige. Umfasst die Fraßstelle den ganzen Trieb, stirbt der Zweig ab.

▼ Der Dickmaulrüssler (links) frisst die Blätter zahlreicher Ziergehölze buchtenförmig an (Mitte). Größeren Schaden richten die Larven (rechts unten) an, die im Boden an den Wurzeln fressen. Im Mai sind die ausgewachsenen Larven sowie die weißen Puppen (rechts oben) im Boden zu finden.

Das auffällige Fraßbild ist vor allem als Alarmsignal zu verstehen: Es gibt einen sicheren Hinweis auf den wesentlich schädlicheren Wurzelfraß durch die Larven. Nach der Eiablage findet man etwa ab Juni die weißen Larven im Boden. Sie haben eine braune Kopfkapsel und sind beinlos. Im Laufe ihrer Entwicklung werden sie bis zum Frühjahr des Folgejahres etwa 1 cm groß, bevor sie sich im Boden verpuppen. Die Larven fressen den ganzen Sommer und Herbst an unterirdischen Pflanzenteilen, sogar an milden Wintertagen und im folgenden Frühjahr setzen sie ihre Fraßtätigkeit fort. Kleinere Gehölze und Stauden sterben dadurch oft vollständig ab, größere, etablierte Gehölze wachsen kümmerlich und sind anfälliger für andere Krankheiten und Schädlinge. Der Gefurchte Dickmaulrüssler entwickelt im Freiland nur eine Generation im Jahr, im Gewächshaus verläuft die Entwicklung schneller.

Biologische Bekämpfung des Dickmaulrüsslers

Die parasitären Nematoden (Fadenwürmer) dringen aktiv in die Larven der Dickmaulrüssler ein. Sie vermehren sich im Körper ihrer Wirtstiere und verlassen diese nach deren Tod.

Für eine erfolgreiche Bekämpfung ist der Zeitpunkt des Nematoden-Einsatzes entscheidend. Die meisten im Handel erhältlichen Nematodenstämme benötigen für eine ausreichende Aktivität Bodentemperaturen von mindestens 12 bis 14 °C. Gelegentlich wird empfohlen, die Nematoden im Frühjahr auszubringen. Oft herrschen aber bis in den Mai zu niedrige Bodentemperaturen, so dass man zu lange mit dem Ausbringen warten muss; die Larven sind dann schon verpuppt oder es haben sich bereits Käfer entwickelt. Aus diesen Gründen hat sich der Einsatz der Nematoden in den Spätsommer- bis Herbstmonaten bewährt.

Bevor man Nützlinge bestellt, ist die Größe der betroffenen Fläche auszumessen, damit die benötigte Menge an Nematoden errechnet werden kann. 500 000 Nematoden werden pro Quadratmeter Fläche benötigt. Die Käfer fressen häufig an anderen Pflanzen als die Larven. Daher bringt man die Nematoden auf allen Flächen aus, auf denen sich Larven entwickeln könnten – auch wenn die dort wachsenden Pflanzen keine Fraßstellen durch die Käfer zeigen. Dazu zählen Töpfe, Schalen, Moorbeete, aber auch alle anderen gepflegten Pflanzflächen, wo die Böden mit organischen Materialien verbessert wurden.

Die Nematoden werden meist in Tonmehl eingebettet geliefert, das in etwas angewärmtes Wasser gegeben wird. Diese „Stammlösung" wird auf die erforderliche Menge Wasser verdünnt und mit der Gießkanne gleichmäßig auf den betroffenen Flächen ausgebracht. Anschließend müssen die Pflanzflächen gewässert werden, um am Laub haftende Nematoden ins Erdreich einzuspülen. Auch in den folgenden Wochen darf der Boden nie ganz austrocknen.

↗ Die Käfer selbst können kaum bekämpft werden. Durch das Auslegen von flachen Steinen oder Brettchen auf dem Boden entstehen Versteckmöglichkeiten für die Käfer. Dort kann man sie dann tagsüber absammeln. Diese Maßnahme genügt in den wenigsten Fällen, um den Schädling ausreichend zurückzudrängen.

↗ Die direkte Bekämpfung muss sich gegen die im Boden lebenden Larven richten. Der Einsatz insektenpathogener Nematoden, die ein für die Larven tödliches Bakterium übertragen, sollte der Gießbehandlung mit Insektiziden vorgezogen werden.

Wühlmaus

Wühl- oder Schermäuse (*Arvicola terrestris*) verursachen manchmal umfangreiche Schäden an Gartenpflanzen. Sie fressen an Wurzeln von Gehölzen und Stauden oder an Blumenzwiebeln. Größere, eingewachsene Bäume leiden unter dem Wurzelverlust und reagieren mit verringertem Zuwachs; kleinere, vor allem neu gepflanzte Gehölze oder Stauden sterben meist ganz ab. Blumenzwiebeln treiben selbst dann nicht mehr aus, wenn nur wenig Gewebe gefressen wurde, da Fäulepilze über die entstandenen Verletzungen eindringen.

Die braunen, 12 bis 20 cm großen Wühlmäuse legen ein umfangreiches Gangsystem im Boden an. Sie graben ihre hoch-ovalen, etwa 5 cm breiten und bis knapp 10 cm hohen Gänge bis 30 cm tief in den Boden. Oft verlaufen die Gänge aber unmittelbar unter der Bodenoberfläche, so dass ihr Verlauf an der etwas aufgebrochenen Bodenkrume gut zu erkennen ist. Neben den Laufgängen legen die Tiere Vorratskammern und die Nesthöhle an. Dort findet sich ein aus Grashalmen zusammengefügtes Nest.

Der **Maulwurf** (*Talpa europaea*) ernährt sich im Gegensatz zur Wühlmaus von bodenbewohnenden Insekten und gilt deshalb eher als nützlich. Bevor man Maßnahmen zur Bekämpfung erwägt, muss daher geprüft werden, ob sich die schädliche Wühlmaus oder der nützliche Maulwurf im Garten angesiedelt hat. Wühlmaushaufen sind eher flach und befinden sich neben dem Gangsystem: Beim Graben der Gänge wird die anfallende Erde nämlich über extra angelegte, schräg nach oben verlaufende Seitengänge ans Tageslicht transportiert. Maulwurfhaufen sind meist höher aufgeworfen, sie befinden sich direkt über dem Laufgang. Außerdem sind die Maulwurfsgänge, bedingt durch die Grabetechnik, eher breitoval, sie erreichen eine Breite von 5 bis 6 cm und eine Höhe von 4 bis 5 cm.

- Konnten die Gänge und Haufen eindeutig der Wühlmaus zugeordnet werden, kommt es zunächst auf die Umgebung des betroffenen Gartens an. Grenzt er an eine Streuobstwiese, wird eine Bekämpfung auf der begrenzten Fläche des eigenen Gartens kaum Erfolg haben, denn es ist mit einer ständigen Zuwanderung aus den benachbarten Flächen zu rechnen. In solchen Fällen empfiehlt es sich, den Garten mit einem „unterirdischen Zaun" zu umgeben, um eine Zuwanderung in die Gartenfläche zumindest zu erschweren. Dazu wird feinmaschiges Drahtgewebe mit höchstens 25 mm Maschenweite mindestens 50 cm tief senkrecht eingegraben, dieser „Zaun" sollte auch noch etwa 20 cm über die Bodenoberfläche hinausragen.

- Falls nur einzelne neu gepflanzte Gehölze Schutz benötigen, umhüllt man die Wurzelballen vor dem Pflanzen mit einem solchen Drahtgeflecht. Diese Schutzhülle muss oben am Stammfuß dicht abschließen. Die im Handel erhältlichen Blumenzwiebel-Pflanzkörbe aus Kunststoff halten Wühlmäuse kaum ab: Sie beißen den Kunststoff einfach durch.

- Man kann auf ungiftige und sanfte Weise versuchen, die Wühlmäuse mit Vergrämungsmitteln aus dem Garten zu vertreiben. Dazu werden verschiedene Duftstoffe im Handel angeboten, die entweder ausgestreut, in die Gänge eingebracht oder punktuell in die Pflanzlöcher gegeben werden. Immer wieder werden verschiedene Techniken zur Vertreibung der Wühlmäuse mit Hilfe Lärm erzeugender Geräte diskutiert; die Wirkung lässt sich aber nicht zuverlässig nachweisen. Als natürliche Feinde der Wühlmaus treten neben Katzen und Hunden vor allem Wiesel und Greifvögel auf. Diese Wildtiere kann man im Garten fördern, indem man ihnen Verstecke oder Ansitzstangen bietet.

- Während einer Übervermehrung bringt eine direkte Bekämpfung der Wühlmaus kaum Erfolg. Nur zu Beginn des Populationsaufbaus sind direkte Bekämpfungs-Maßnahmen wie der Einsatz von Fallen, Giftködern oder Begasungsmitteln sinnvoll. Man muss aber möglichst großflächig vorgehen, da sich die Wühlmäuse nicht an Gartengrenzen halten. Bei einer punktuellen Bekämpfung wandern sehr schnell wieder Tiere aus nicht behandelten Flächen zu. Giftköder wirken meist nur zuverlässig in Zeiten, wenn das natürliche Nahrungsangebot knapp ist. Begasungsmittel sollten im Hausgarten nicht zum Einsatz kommen, sie töten auch andere Tiere.

Erste Hinweise auf eine Besiedlung durch Wühlmäuse liefern meist die auffälligen Erdhaufen, die beim Bau der Gänge anfallen. Ähnliche Erdhaufen verursacht der höchstens lästige Maulwurf, der durch die Bundesartenschutzverordnung geschützt ist.

↗ Verschiedene Fallentypen eignen sich im Hausgarten, um Wühlmäuse zu fangen. Um festzustellen, ob die Wühlmäuse einen Gang noch nutzen, wird der Gang geöffnet: Genutzte Gänge werden bald wieder mit Erde zugeschoben. Dann wird der Gang erneut geöffnet und man setzt eine mit einem Köder (z. B. Karotten) bestückte Falle ein. Verschlossen wird der Gang mit einem flachen Stein oder einem Brett. Die Fallen müssen regelmäßig kontrolliert und so lange immer wieder eingesetzt werden, bis man keine Tiere mehr fängt.

Trauermückenlarven

Im Kleingewächshaus, im Wintergarten oder an der Fensterbank werden manchmal Trauermücken (*Lycoriidae*) lästig. Bei Jungpflanzen, Keimlingen oder Stecklingen können Trauermückenlarven sogar zum Absterben der Pflanzen führen.

Ein Besatz mit Trauermücken fällt durch die dunklen, zarten, etwa 2 bis 3 mm großen Mücken auf, die taumelnd umherfliegen. Die erwachsenen Mücken suchen zur Eiablage feuchte Substrate auf. Aus den Eiern schlüpfen die beinlosen, weißen, durchscheinenden Larven mit schwarzer Kopfkapsel, die sich vor allem von vermodernden Pflanzenteilen ernähren. Bei einem Massenauftreten fressen sie auch an zarten Wurzeln oder an den Stängeln von Stecklingen.

↗ Werden die Topfpflanzen trockener gehalten, reduziert sich der Trauermückenbesatz deutlich. Eine Auflage aus Sand oder Lavagranulat auf dem Substrat sorgt dafür, dass die Oberfläche rasch abtrocknet. Dadurch entstehen ungünstige Verhältnisse für die Eiablage der Trauermücken. Gelbtafeln oder Gelbsticker können einen Teil der erwachsenen Trauermücken fangen.

▲ **Die zarten Trauermücken legen ihre Eier in feuchte Substrate ab. Daraus schlüpfen die glasig-weißen Larven, die an zarten Wurzeln fressen.**

↗ Bei Aussaaten oder Stecklingen ist manchmal eine direkte Bekämpfung der Trauermückenlarven erforderlich. Dazu eignen sich die im Handel erhältlichen Nematoden der Art *Steinernema feltiae* oder die Raubmilben *Hypoaspis miles* oder *H. aculeifer*.

Springschwänze

Springschwänze (*Collembola*) fallen beim Gießen der Topfpflanzen auf, weil dann die nur wenige Millimeter großen, meist weißen Urinsekten hochspringen. Sie ernähren sich vor allem von abgestorbener organischer Substanz, können bei massenhaftem Auftreten aber auch zarte Wurzelspitzen schädigen.

↗ In trockener gehaltener Erde verschlechtern sich die Lebensbedingungen der Springschwänze so weit, dass keine Schäden an Wurzeln mehr entstehen. ■

Fraßschäden an Stammfuß oder Stamm

■ Fressen Schädlinge an oberirdischen Pflanzenteilen und befindet sich der Fraßort an der zentralen Verbindung zwischen Wurzeln und Krone, sterben Gartenpflanzen oft ab. An Bäumen kommt es meist zum Totalschaden, bei Sträuchern stirbt nur der Pflanzenteil direkt oberhalb der Schadstelle ab.

Kaninchen, Hasen und Feldmäuse

Solange Gehölze noch ein dünnes Rindengewebe ohne derbe Borke besitzen, sind sie vor allem während der Wintermonate durch Kaninchen, Hasen oder Feldmäuse gefährdet. Die Nagetiere fressen vor allem am Stammfuß, Hasen

▲ **Hasen und Kaninchen schälen das Rindengewebe bis zum Holz ab, so dass die Versorgung der Bäume oder Sträucher stark eingeschränkt wird und Schwächeparasiten oder holzzersetzende Pilze leicht in die Gehölze eindringen können. Mitunter stirbt ein ganzer Baum ab, wenn sich der Fraß um den ganzen Stamm herumzieht.**

können den Stamm sogar bis in Höhen von über einen Meter benagen. Natürliche Feinde der Nager sind Greifvögel, Wiesel oder Katzen.

↗ **Hasen und Kaninchen** hält eine lückenlose Umzäunung des Gartengrundstücks mit engmaschigem Drahtgeflecht ab. Die Zaunoberkante muss sich dauerhaft mindestens 1 m über der Boden- oder Schneeoberfläche befinden. Das Drahtgeflecht muss etwa 30 cm tief in den Boden reichen, damit sich die Nager nicht unter dem Zaun durchgraben können.

↗ Im Handel sind Duftstoffe erhältlich, die man auf die gefährdeten Stämme streicht, um die Nager abzuhalten. Sie lassen sich auch als „Duftbarriere" einsetzen: Mit dem Duftstoff getränkte Stofflappen werden an Stöcken befestigt, die man im Abstand von etwa 3 m um das gesamte gefährdete Grundstück einschlägt.

↗ In gefährdeten Gebieten empfiehlt es sich, die Stämme junger Gehölze mit Schutzspiralen oder einem Drahtgitter zu schützen. Der Handel bietet dafür Draht- bzw. Kunststoffhosen oder Wildschutzspiralen an. Diese Schutzvorrichtungen müssen zur Abwehr von Hasen und Kaninchen mindestens 1 m hoch reichen, wobei zu erwartende Schneeauflagen zu berücksichtigen sind. Zum Schutz vor dem Fraß durch die **Feldmaus** müssen die Drahtgeflechte rund um den Stamm etwa 5 cm tief eingegraben werden.

↗ Gegen Feldmäuse wirken auch die handelsüblichen Schlagfallen, außerdem sind begiftete

Getreidekörner erhältlich. Zum Schutz der Vögel dürfen solche Giftköder nicht frei ausgelegt werden, man muss sie in genutzte Gänge einbringen. Zur Kontrolle wird ein Gang verschlossen und abgewartet: Genutzte Gänge werden von den Feldmäusen rasch wieder geöffnet – in diese kann man begiftete Getreidekörner hineinlegen.

Borken- oder Prachtkäfer

Unter der Borke oder im Holz absterbender Äste oder Stämme findet man fast immer verschiedene Insekten und deren Larven. Sie besiedeln die Gehölze vor allem dann, wenn sie durch abiotische oder andere parasitäre Faktoren vorgeschädigt sind. Vor allem nach Trockenjahren kommt es daher zu einer stärkeren Besiedlung durch Borken- oder Prachtkäfer. Stressfaktoren wie ein stark eingeengter Wurzelraum oder mangelnde Pflege in der Anwachsphase können einen Borken- oder Prachtkäferbesatz ebenfalls begünstigen.

Der **Riesenbastkäfer** (*Dendroctonus micans*) befällt manchmal auch gesunde und wüchsige Nadelbäume. Die Bäume zeigen zunächst nur einen stärkeren Nadelverlust im Kroneninneren, wie er bei jeder Versorgungsstörung auftritt. Bei starker Besiedelung werden die Nadeln braun und die Bäume sterben rasch ab. Am Stammgrund tritt an vielen Stellen Harz aus, das ausgetretene Harz ist mit Bohrmehl vermischt. Löst man in diesem Bereich die Borke, werden die großflächigen Fraßplätze sichtbar.

Der Riesenbastkäfer wird als größter einheimischer Borkenkäfer fast 1 cm groß. Die braun gefärbten Käfer besiedeln vor allem Fichten, gelegentlich Tannen oder Kiefern. Die erwachsenen Käfer bohren sich an der Stammbasis oder an den Wurzelanläufen in die Borke ein und legen ihre Eier in größeren Häufchen ab. Bei vitalen Bäumen setzt sofort ein Harzfluss ein. Dieser verhindert zwar das Einbohren von vielen anderen, kleineren Borkenkäfer-Arten, hält aber diesen großen Käfer kaum ab.

Die Flugzeit der Riesenbastkäfer und damit auch die Eiablage erstrecken sich über einen längeren Zeitraum, so dass man oft verschiedene Entwicklungsstadien gleichzeitig findet. Aus den Eiern schlüpfen weiße Larven mit brauner Kopfkapsel. Sie fressen gemeinsam in einem Platzgang und zerstören so das Kambium großflächig. Dabei herrscht eine Art Arbeitsteilung unter den Larven: Einige Tiere schaffen das anfallende Bohrmehl sowie Kotkrümel nach hinten, so dass im zuerst befressenen Bereich fest verpresste Bohrmehlschichten auftreten. Später verpuppen sich die Larven in den Fraßgängen. Der Riesenbastkäfer entwickelt meist eine Generation im Jahr, nur in Hochlagen dauert die Entwicklung zwei Jahre.

▶ **Sind Bäume von Borkenkäfern besiedelt, findet man an den Stämmen kleine Löcher, aus denen Bohrmehl rieselt.**

Prachtkäfer der Familie *Buprestidae* treten meist an deutlich vorgeschädigten Gehölzen auf, die verschiedenen Arten sind oft auf einzelne Wirtspflanzengattungen spezialisiert. Im Garten führen manchmal Prachtkäferarten, deren Larven unter der Rinde von Obst- oder anderen Laubbäumen fressen, zu Schäden. Die Prachtkäferlarven fressen meist zwei Jahre lang in den Wirtsbäumen und legen auffällige, geschlängelte Fraßgänge zwischen Holz und Rindengewebe an. Manche Prachtkäfer-Arten sind inzwischen so selten geworden, dass sie durch die Artenschutzverordnung geschützt sind.

↗ Eine bedarfsgerechte Wasserversorgung der Gehölze senkt ihre Anfälligkeit für Borken- oder Prachtkäferbesatz deutlich. Frühzeitig lässt sich eine Besiedlung erkennen, wenn man die Stämme regelmäßig auf Bohrmehl-Ablagerungen an Astgabeln, Harzaustritte und Bohrlöcher untersucht. Hat man einzelne Besiedlungsstellen am Stamm sehr frühzeitig entdeckt, kann man den Brutplatz freilegen und die Käfer oder Larven zerdrücken, um den Schaden am Baum zu begrenzen. Stark besiedelte Bäume rodet man besser frühzeitig und entfernt sie aus dem Garten bzw. entrindet sie, um einen raschen Populationsaufbau zu vermeiden.

↗ Eine direkte Bekämpfung von Borken- oder Prachtkäfern ist im Kleingarten kaum durchzuführen, es ist nicht erlaubt, die Stämme mit Insektizidlösungen einzustreichen. Im Forst werden Pheromonfallen zur Bestimmung von Flugzeitraum und optimalem Bekämpfungszeitpunkt eingesetzt.

Der **Ungleiche Holzbohrer** (*Xyleborus dispar*) besiedelt die Stämme verschiedener Laubgehölze, dringt aber tief in das Holz ein. Das bis 3 mm lange, dunkle Weibchen bohrt einen etwa 5 cm tiefen Gang in den Stamm, von diesem ausgehend legt es den Jahresringen folgend weitere Gänge an. Aus den dort abgelegten Eiern schlüpfen Larven, die kein Holzgewebe fressen; sie ernähren sich von den Ambrosiapilzen in den Käfergängen. Neben den direkten Schäden durch die Bohrgänge siedeln sich verstärkt holzzersetzende Pilze an.

↗ Die flugfähigen Weibchen lassen sich abfangen. Dazu werden Rebell-Fallen eingesetzt, die mit Alkohol gefüllt und mit einer Klebefläche versehen sind.

Sehr große, bis daumendicke Bohrlöcher findet man vor allem an Weichhölzern wie Pappeln oder Weiden, gelegentlich auch an anderen Laubgehölzen. Diese sind ein Hinweis auf eine Besiedlung durch Schmetterlingsraupen, die im Holzkörper ausgedehnte Gangsysteme anlegen. Als Verursacher kommen **Blausieb** (*Zeuzera pyrina*) und **Weidenbohrer** (*Cossus cossus*) in Frage, deren Larven sich über mehrere Jahre hinweg im Holz von Stämmen oder Ästen entwickeln. Die Fraßgänge der bis 6 cm langen Blausiebraupen können bis 50 cm lang sein. Die mit bis zu 10 cm Länge noch größeren Weidenbohrerraupen legen bis 1 m lange Gänge an und fressen bis zu vier Jahre im Holz.

Der Fraß der Raupen kann kleinere Bäume und Starkäste unmittelbar zum Absterben bringen, durch die voluminösen Fraßgänge kommt es häufig zum Bruch noch lebender Äste. Die durchlöcherten Stämme und Äste sind aber vor allem durch holzzersetzende Pilze gefährdet.

↗ Man kann versuchen, die Raupen in den Stämmen oder Ästen mechanisch zu bekämpfen: Man tötet sie mit Hilfe eines Drahtes, der durch die gut sichtbaren fingerdicken Öffnungen eingeführt wird. ■

Schäden an Trieben oder Ästen

Beschränken sich die Schadsymptome an den Gartenpflanzen auf einzelne Laub- oder Nadelpartien, scheiden standort- oder witterungsbedingte Schadfaktoren sowie Störungen im Wurzel- oder Stammbereich als Ursache meist aus. Lässt sich der betroffene Pflanzenteil einem bestimmten Ast- oder Triebbereich zuordnen, muss sich die Untersuchung auf den Übergangsbereich zwischen gesundem und geschädigtem Pflanzenteil konzentrieren. Abweichend von dieser Regel kann eine Infektion durch den Wirtelpilz (*Verticillium*) zunächst zu Schadsymptomen an einzelnen Ästen führen, obwohl der Erreger über den Wurzelbereich in die Pflanzen eindringt.

Auch bei Wurzelschäden, wie sie bei Aufgrabungen im Wurzelbereich alter Bäume entstehen können, sind die Schäden in der Baumkrone manchmal einseitig ausgeprägt. Von einer Seite auf die Pflanzen einwirkende Schadstoffe wie Abgase von Baumaschinen oder verwehte Spritzmittel rufen manchmal lokal begrenzte Schäden an Pflanzen hervor, die sich dann aber nicht einem oder mehreren Starkästen zuordnen lassen. ■

Mechanische Beschädigungen

■ So wichtig es für den Anwachserfolg ist, Großgehölze sicher zu fixieren, so bedeutend ist es ebenfalls, die verwendeten Seile oder Drähte rechtzeitig zu lockern oder zu entfernen. Je nach Wachstumsgeschwindigkeit nimmt der Umfang von Stämmen oder Ästen innerhalb eines Jahres um mehrere Zentimeter zu, so dass die dicht anliegenden **Baumbindungen** schon nach kurzer Zeit zu eng werden. Werden sie nicht regelmäßig dem Dickenwachs-

▶ **Um Schäden durch eingewachsene Baumbindungen oder Kletterseile an Bäumen zu vermeiden, müssen alle Befestigungen regelmäßig überprüft und dem zunehmenden Stamm- oder Astumfang angepasst werden.**
Vor allem bei immergrünen Gehölzen sind diese vermeidbaren Schäden recht häufig zu beobachten, denn Fixierungen im Pflanzeninneren sind mit zunehmendem Wachstum der Gehölze immer weniger sichtbar. Rechts: Querschnitt eines Stammes, der einen Bindedraht überwallt.

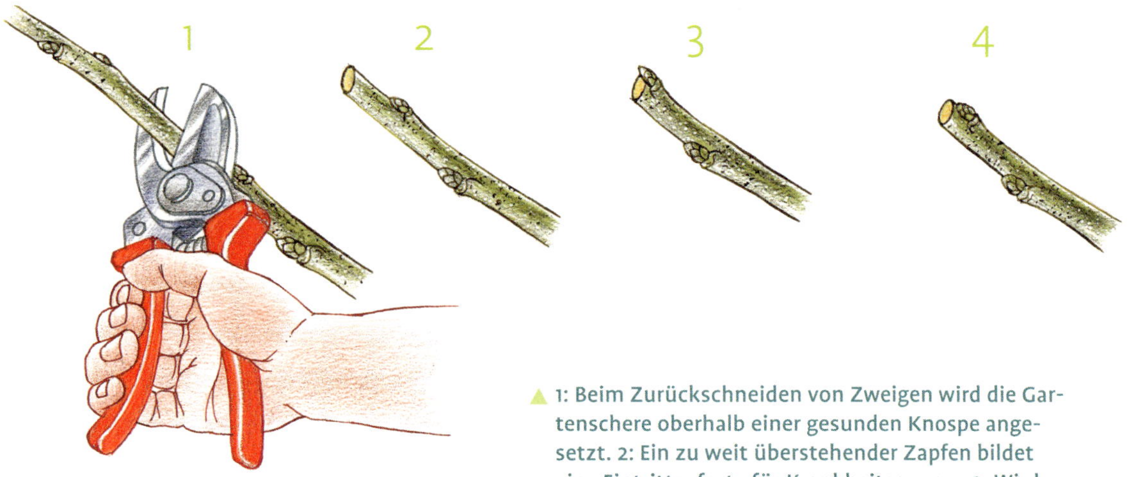

▲ 1: Beim Zurückschneiden von Zweigen wird die Gartenschere oberhalb einer gesunden Knospe angesetzt. 2: Ein zu weit überstehender Zapfen bildet eine Eintrittspforte für Krankheitserreger. 3: Wird zu knapp an der Knospe geschnitten, trocknet das teilungsaktive Gewebe ein. 4: Richtig geführter Schnitt.

tum angepasst, bilden sich unter- und oberhalb des Seiles zunächst Stauungen. Die Leitungsbahnen werden durch den zunehmenden Druck des Drahtes oder Seiles auf das Kambiumgewebe immer mehr abgeschnürt, das Gehölz zeigt im betroffenen Kronenbereich Wuchsminderungen, Welke und vorzeitigen Laubfall. Ist das Astgewebe schon um das Seil herum gewachsen, hilft nur noch das Entfernen des absterbenden Astes. Entdeckt man eine solche Engstelle noch bevor der darüber liegende Pflanzenteil kümmert, muss das manchmal schon teilweise eingewachsene Seil vorsichtig entfernt werden. Nur selten gelingt es dem Gehölz, solche Baumbindungen vollständig zu umwachsen; das Seil befindet sich dann im Inneren des Astes!

Ganz ähnliche Schadsymptome werden durch einen **nicht fachgerechten Schnitt** von Gehölzen ausgelöst. Gerade bei Schnittmaßnahmen, die ins ältere Holz eingreifen, ist auf eine physiologisch optimale Schnittführung zu achten, damit die Wunde möglichst rasch überwallt wird. Schwächeparasiten sind dann weniger in der Lage, die entstandenen Wunden zu besiedeln und von dort aus weiter in den gesunden Pflanzenteil einzuwachsen.

Besondere Vorsicht ist bei der Entfernung von Starkästen angebracht, die während des Sägevorgangs leicht durch ihr hohes Eigengewicht abbrechen können. Dadurch entstehen womöglich große Splitterwunden, die sich am übergeordneten Ast oder Stamm herunterziehen.

Der **Rand von Sägewunden** muss immer mit einer scharfen Hippe nachgeschnitten werden, um eine möglichst glatte und damit kleine Wundoberfläche zu erhalten. Wundverschlussmittel können die entstandenen Verletzungen nicht vor Pilzinfektionen schützen. Bei großen Wundquerschnitten werden lediglich die Wundränder mit einem Wundverschlussmittel behandelt, um so das Zurücktrocknen des Kambiumgewebes zu verhindern. Die Wunde überwallt dadurch schneller.

Bei großflächigen Wunden am Stamm fehlt die natürliche Schutzbarriere der Gehölze gegenüber Pathogenen, so dass **holzzersetzende Pilze** sehr schnell in den Holzkörper eindringen können. Solche Holzzersetzer haben in der Regel kaum einen Einfluss auf die Versorgung des Gehölzes und machen sich zumindest in den ersten Jahren nach der Infektion nicht im Zuwachs oder Belaubungszustand der Krone bemerkbar. Sehr anschaulich wird dies bei hohlen Bäumen mit nahezu normaler Belaubung. Die holzzersetzenden Pilze reduzieren aber die Holzfestigkeit. Das kann dazu führen, dass Äste abbrechen oder Bäume umstürzen.

Werden die am Stamm wachsenden konsolenförmigen Fruchtkörper der holzzersetzenden Pilze entfernt, verringert sich höchstens der Infektionsdruck für benachbarte Bäume. Diese Maßnahme hat auf die Vitalität des Pilzes innerhalb des Baumes keinen Einfluss. Eine Bekämpfung ist nach dem Eindringen solcher Erreger nicht möglich. Daher kommt es sehr auf die Vorbeugung durch schonende Gehölzpflege und sachgerechte Schnittführung an. Bei Bäumen entlang von Wegen oder Straßen kann es sinnvoll sein, mechanische Schutzeinrichtungen wie Poller, große Baumscheiben oder Gitter zum Schutz vor versehentlichen Beschädigungen anzubringen.

Ein Grundstückseigentümer ist dazu verpflichtet, die **Standsicherheit** seiner Bäume regelmäßig zu überprüfen. Sind Gehölze von holzzersetzenden Pilzen befallen, muss man sie unbedingt häufiger und genauer begutachten.

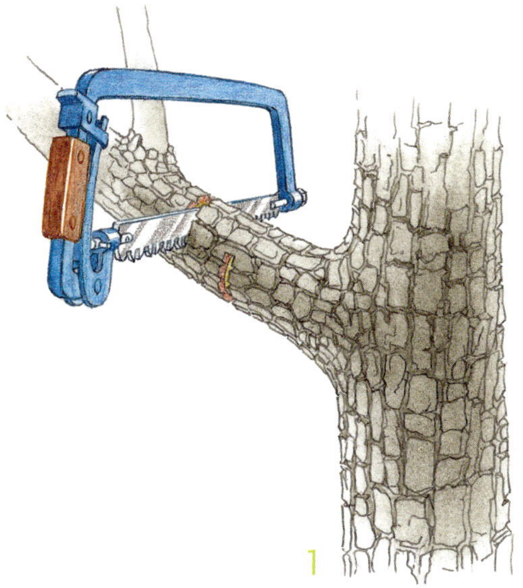

1

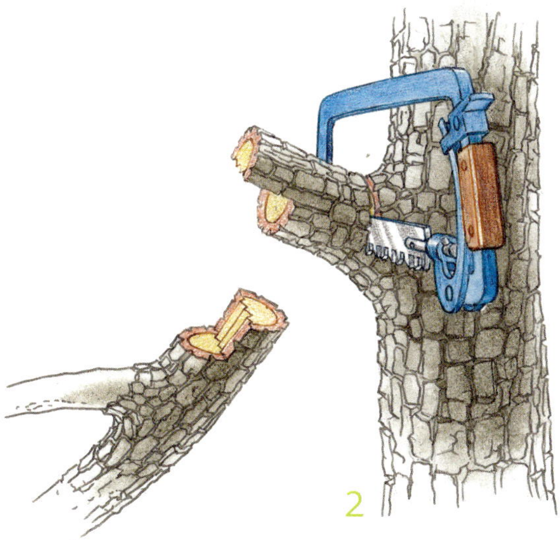

2

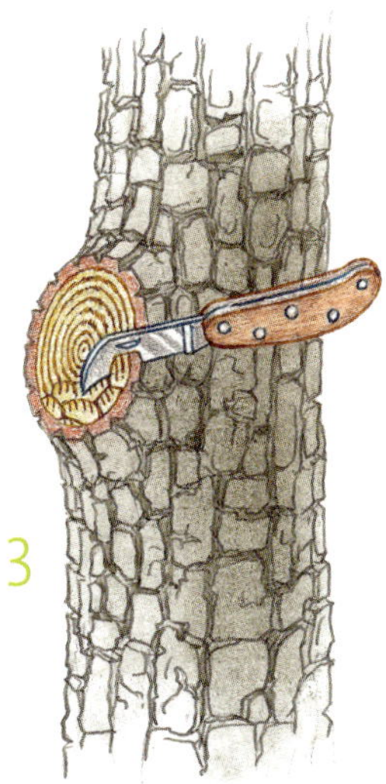

3

1 Soll ein großer und schwerer Ast entfernt werden, sägt man ihn zunächst etwa 50 cm außerhalb der später vorgesehenen Schnittstelle einige Zentimeter tief von der Astunterseite her ein.
Anschließend wird etwas außerhalb dieses ersten Sägeschnittes von oben so weit gesägt, bis der Ast bricht.

2 Der erste, von unten geführte Sägeschnitt verhindert das Einschlitzen in den Stamm. Anschließend wird der verbliebene Aststummel sauber an der vorgesehenen Stelle abgesägt.

3 Um eine rasche Überwallung der Wunde zu fördern, wird der zerfaserte Wundrand mit einer Hippe oder einem Messer glatt geschnitten.

Bakterielle Trieberkrankungen

An den Pflanzen im Haus- und Kleingarten gibt es im Vergleich zur Vielzahl pilzlicher Erkrankungen und tierischer Schädlinge nur wenige Bakterienkrankheiten, die eine größere Bedeutung haben. Diese bakteriellen Erreger können sich unter ihnen zusagenden Bedingungen jedoch so stark ausbreiten, dass es in manchen Jahren zu empfindlichen Schäden kommt. Die bereits beschriebene Erkrankung durch *Agrobacterium tumefaciens* (siehe Seite 66) tritt zwar bevorzugt an Wurzeln oder am Wurzelhals auf, manchmal bringen die Wucherungen auch einzelne Triebe zum Absterben.

Feuerbrand

Das Feuerbrand-Bakterium (*Erwinia amylovora*) wurde in der Mitte des 20. Jahrhunderts aus Nordamerika eingeschleppt. In Europa kommt es je nach Witterung in unregelmäßigen Abständen zu größeren Ausbrüchen der Krankheit. Das Feuerbrand-Bakterium kann in Laborversuchen zwar eine Vielzahl von Wirtspflanzen infizieren, im Freiland sind nur die apfelfrüchtigen Rosengewächse betroffen. Dazu gehören in erster Linie Apfel, Birne und Quitte, aber auch die Ziergehölze Felsenmispel, Weißdorn, Mehlbeere und Eberesche sowie seltener Zierquitten und Feuerdorn.

Nach einem Befall welken einzelne Triebe ab, sie krümmen sich krückstockartig. Welkende Triebbereiche befinden sich im Frühjahr meist in unmittelbarer Nachbarschaft von Blütenständen, da die Bakterien vor allem über die geöffneten Blüten in die Wirtspflanzen eindringen. Bei hochanfälligen Gehölzen wie Birnen, Quitten oder den *Cotoneaster-salicifolius*-Sorten breitet sich der Erreger rasch im Holz der ganzen Pflanze aus. Aus den abgestorbenen Trieben quellen bei feucht-warmer Witterung charakteristische, helle bis bräunliche Schleimtropfen. Bei feucht-warmer Witterung vermehren sich die Bakterien explosionsartig, die Pflanzenruhe überdauert der Schaderreger in eingesunkenen Rindennekrosen, den Cankern.

▼ **Der Feuerbrand infiziert Kernobst und andere Rosengewächse. Er überwintert in eingesunkenen Rindennekrosen.**

Die Bakterien infizieren im Frühjahr vor allem über die Blüten und werden meist durch Blüten besuchende Insekten verbreitet. Außerdem spielen Infektionen über Verletzungen wie Hagelwunden, Frostrisse am weichen Trieb oder Schnittstellen eine wichtige Rolle für die Ausbreitung der Krankheit. Über größere Entfernungen werden die Bakterien auch durch Vögel transportiert, in der Baumkrone selbst sorgen Regenspritzer für die Verbreitung.

In Gärten oder Obstanlagen ermöglichen oft erst die Pflegemaßnahmen des Gärtners Neuinfektionen. Durch den Schnitt an befallenen Gehölzen gelangen Bakterien auf die verwendeten Werkzeuge und werden beim nächsten Schnitt an einer gesunden Pflanze auf die frische Schnittfläche übertragen.

↗ Die direkte Bekämpfung des Feuerbrand-Bakteriums ist sehr schwierig und im Haus- und Kleingarten kaum durchführbar. Kupferhaltige Fungizide konnten in Versuchen vor allem die Infektionen über Hagelverletzungen im Herbst reduzieren, im Erwerbsobstbau wurde bei drohender Befallsgefahr bereits der Einsatz von Antibiotika während der Blütezeit der Apfelbäume genehmigt.

- Verschiedene Pflanzenauszüge werden auf ihre Wirksamkeit gegen den Feuerbrand-Erreger getestet, auch antagonistische Bakterien konnten in Versuchen den Befall durch das aggressive Bakterium reduzieren. Bis diese Methoden aber praxisreif sind, bleibt nur die regelmäßige Kontrolle der gefährdeten Pflanzen bei Befallsgefahr und eine schnelle und durchgreifende Reaktion, sobald der Befall deutlich wird.

- Infizierte Pflanzenteile müssen mindestens 30 bis 50 cm unterhalb des sichtbar geschädigten Gewebebereichs ausgeschnitten werden. Wird zu vorsichtig geschnitten, verbleibt oft ein Teil des infizierten Materials an der Pflanze, der Erreger breitet sich weiter ungebremst aus. Das Schnittmaterial muss verbrannt oder über den Hausmüll entsorgt werden, es darf keinesfalls auf den Gartenkompost gelangen. In gewerblichen Kompostieranlagen entwickeln sich bei der Umsetzung des organischen Materials deutlich höhere Temperaturen, so dass die Bakterien hier sicher abgetötet werden.

- Schnittwerkzeuge müssen unbedingt desinfiziert werden. Dazu hält man Messer und Scheren über eine offene Flamme oder taucht sie in Alkohol. Wenn es die Gartengeräte aushalten, können sie auch einige Minuten in kochendes Wasser gelegt werden.

▲ **Vom Bakterienbrand infizierte Triebe welken und verfärben sich schwarz.**

Bakterienbrand

Der Bakterienbrand (*Pseudomonas syringae*) führt an zahlreichen Gehölz-Arten zum Abwelken von Trieben. Betroffen sind häufig Flieder, Forsythien, Birnen und Kirschen. Wenn die jungen, noch weichen Triebe und Blätter kurz nach dem Austrieb infiziert wurden, verfärben sie sich dunkelbraun bis fast schwarz. Mit Ausnahme der Kirschen beschränkt sich der Erreger in der Regel auf das weiche Gewebe und dringt nicht in die verholzten Zweigbereiche ein. Bei Kirschen kann es allerdings im Herbst zu Infektionen über die unmittelbar nach dem Blattfall ungeschützten Blattstielnarben kommen. Die Folge sind Rindennekrosen und Gummifluss; einzelne Äste sterben ab.

Für eine erfolgreiche Infektion durch den Bakterienbrand muss tropfbares Wasser auf den Pflanzen vorhanden sein. Schäden treten deshalb vor allem in feuchten Frühjahren oder bei sehr dicht stehenden Pflanzen auf, die nach Regenfällen nur langsam abtrocknen. Auch nach Spätfrösten während des Austriebs ist mit einem vermehrten Auftreten der Krankheit zu rechnen. Die feinen, durch den Frost entstandenen Risse am Trieb sind ideale Eintrittspforten für die Bakterien.

- Befallene Triebe müssen frühzeitig abgeschnitten und vernichtet werden. Bei besonders hoher Befallsgefahr ist der Einsatz kupferhaltiger Fungizide mit Nebenwirkung gegen Bakterien zu erwägen. ■

Triebsterben durch Schadpilze

▪ Zahlreiche Schadpilze treten an den Trieben von krautigen und verholzenden Pflanzen auf. Viele dieser Erreger schädigen auch das Laub ihrer Wirtspflanzen und verursachen dort wesentlich auffälligere Schadsymptome; sie werden später beschrieben. Wenn die Erreger den infizierten Trieb vollständig umgürten, stirbt dieser oberhalb der Befallsstelle ab. An der Übergangsstelle zwischen gesundem und abgestorbenem Triebgewebe sind bei genauerer Untersuchung oft Verfärbungen oder Veränderungen der Oberflächenstruktur festzustellen. Später bilden sich in diesem Bereich die für die Bestimmung des Schadpilzes notwendigen Fruchtkörper oder Fruchtlager aus. Diese sind aber mit wenigen Ausnahmen meist so klein, dass man sie nur mit Hilfe einer guten Lupe entdeckt. Genau bestimmen lässt sich die Pilzart anhand ihrer Sporen.

Grauschimmelpilz

Der Grauschimmelpilz (*Botrytis cinerea*) hat eine wichtige Bedeutung im Nährstoffkreislauf, weil er abgestorbene organische Substanz zersetzt. Unter günstigen Bedingungen besiedelt er auch lebendes Pflanzengewebe und tötet es ab. Besonders gefährdet ist das weiche Gewebe von Blüten und der zarte Austriebe im Frühjahr. Infektionen werden durch eine übermäßige Stickstoffdüngung und hohe Luftfeuchte begünstigt. Neben Triebinfektionen hat der Grauschimmelpilz auch eine große Bedeutung als Fruchtfäule-Erreger an weichen Früchten wie Erd- oder Himbeeren.

◀ **Während feuchter Witterungsperioden zerstört der Grauschimmelpilz oft das zarte Gewebe von Blüten.**

- Fungizidspritzungen mit dem Ziel, Triebinfektionen durch den Grauschimmelpilz zu verhindern, erübrigen sich im Haus- und Kleingarten, wenn die Pflanzen bedarfsgerecht gepflegt werden. Neben einer ausgewogenen Nährstoffversorgung ist auf gut durchlüftete Pflanzungen zu achten.
- Besonders große Bedeutung kommt der Hygiene in den Pflanzbeeten zu. Werden alle abgestorbenen Pflanzenteile und besonders die befallenen Pflanzenteile wie abgeknickte Triebspitzen oder abblühende Blütenstände regelmäßig entfernt, kann sich der Grauschimmelpilz kaum etablieren.
- Regelmäßige Spritzungen mit Algenpräparaten oder Schachtelhalmbrühe sollen die Widerstandsfähigkeit der Pflanzen erhöhen.

Monilia-Triebwelke

Welken die weichen Triebe von Laubgehölzen im Frühjahr kurz nach der Blüte, ist oft eine Infektion durch den Pilz *Monilia* dafür verantwortlich. Der Erreger befällt nicht nur Kirschbäume, sondern auch Apfel-, Birn- oder Quittenbäume, Forsythien, Zierquitten und viele andere Laubgehölze. Neben der Triebwelke verursachen *Monilia*-Arten Fruchtfäulen an Kirschen, Äpfeln, Birnen, Quitten, Zierquitten oder Haselnüssen; an

◀ **Von der Monilia-Triebwelke befallene Zweige zeigen im Längsschnitt streifenförmige dunkle Verfärbungen im Gewebe.**

Der Pilz dringt je nach Anfälligkeit der Pflanze mehr oder weniger weit in den holzigen Trieb- und Astbereich ein. Bei Kirschbäumen wächst der Erreger meist ins mehrjährige Holz ein, das mit Gummifluss auf die Störung der Versorgung reagiert. Bei Apfelbäumen und den meisten anderen Wirtspflanzen kommt der Pilz dagegen fast immer im einjährigen Holz zum Stillstand. Der Erreger überdauert im Holz; er bildet im Folgejahr Vermehrungsorgane an den abgestorbenen Pflanzenteilen und infiziert erneut.

Heidelbeeren oder Weißdorn befallen *Monilia*-Arten auch das Laub und schädigen durch Blattflecken und vorzeitigen Laubfall.

Beim charakteristischen Triebbefall infiziert der Erreger seine Wirtspflanze über die geöffnete Blüte. Infizierte Blüten färben sich braun bis schwarz, fallen aber nicht ab, sondern bleiben noch lange an den Trieben haften. An den abgestorbenen Blütenbüscheln ist bei feuchter Witterung ein dichter Pilzrasen zu finden, auf dem massenhaft Konidiosporen entstehen. An den welkenden Trieben sinkt das Rindengewebe etwas ein. Wird an der Übergangsstelle zwischen gesundem und geschädigtem Trieb mit dem Messer angeschnitten, sind meist streifenförmige dunkle Verfärbungen im Gewebe zu erkennen.

- ↗ Fungizide wirken nur vorbeugend. Besonders große Infektionsgefahr herrscht bei feuchter Witterung während der Blütezeit der Wirtspflanzen. Bei einer solchen Witterung sind manchmal mehrere Fungizidspritzungen in die offene Blüte erforderlich, um Infektionen zu verhindern.
- ↗ Wurde eine Fungizidspritzung versäumt, müssen die befallenen Triebe möglichst rasch großzügig ausgeschnitten werden. Nur so lässt sich ein unnötig weites Eindringen des Erregers in verholzte Zweige verhindern. Bei Fruchtgehölzen tritt der Erreger auch als Fruchtfäule auf und befallene Früchte bleiben manchmal als Fruchtmumien in den Baumkronen hängen. Diese dienen im nächsten Jahr als Infektionsherd und müssen spätestens im Laufe des Winters gewissenhaft entfernt werden.
- ↗ Im ökologischen Anbau wird die Applikation eines Tees aus Meerrettichblättern und -wurzeln während der Blüte empfohlen.

Rotpustel

An den Ästen und Zweigen von Laubgehölzen sind manchmal auffällige, orange bis rosa gefärbte Pusteln zu finden. Dabei handelt es sich um die Vermehrungsorgane des Rotpustelpilzes (*Nectria cinnabarina*). In den Wintermonaten entwickeln sich die wachsartig weichen Konidienlager, die aus dem Rindengewebe hervorbre-

▼ **Die Vermehrungsorgane des Rotpustelpilzes stehen oft dicht an dicht an befallenen Ästen und Zweigen von Laubgehölzen.**

chen. Im Frühjahr sind dann die ähnlich gefärbten, etwas kleineren Fruchtkörper der Hauptfruchtform zu finden.

Besonders häufig tritt ein Rotpustelbefall an Hainbuchen, Ahorn und Linden auf, der Erreger kann aber alle Laubgehölze befallen. Der Pilz wächst sowohl im Rindengewebe als auch im Holz, verstopft die Leitungsbahnen und produziert Giftstoffe, die die Welke des infizierten Zweiges noch beschleunigen. Der Pilz ist ein typischer Schwäche- und Wundparasit, der oft über Schnittwunden in seine Wirtspflanze eindringt. Besonders gefährdet sind durch Trockenheit oder andere Stressfaktoren geschwächte Gehölze.

Eine besonders große Infektionsgefahr besteht durch Aststummel, wie sie bei falscher Schnittführung oder beim Heckenschnitt entstehen. Der Pilz baut jedoch nicht nur diese von der Pflanze nicht mehr versorgten Stummel ab, sondern wächst in das gesunde Gewebe ein und tötet es dabei ab. Im natürlichen Kreislauf spielt der Rotpustelpilz eine wichtige Rolle als Zersetzer abgeschnittener oder absterbender Äste und Zweige.

- Vom Rotpustelpilz befallene Zweige und Äste müssen großzügig ausgeschnitten werden, um ein Vordringen im Gehölz zu verhindern.
- Gute Pflege der Gehölze beugt einem Rotpustelbefall am besten vor. Neben der bedarfsgerechten Wasserversorgung spielen die richtige Schnitttechnik und der optimale Schnittzeitpunkt eine entscheidende Rolle.
- Beim Schneiden gefährdeter Gehölze dürfen möglichst keine Aststummel stehen bleiben. Die Schnittführung muss auf eine möglichst kleine Wundfläche abzielen und vermeiden, dass nicht versorgte Gewebebereiche entstehen.
- Der Zeitpunkt für den Schnitt wird so gewählt, dass eine möglichst schnelle Wundreaktion eintritt. Dies ist in den Frühjahrs- und Sommermonaten der Fall. Durch den Schnitt bei trockener Witterung werden die Infektionen durch die jederzeit vorhandenen Sporen erschwert.
- Da der Rotpustelpilz auch auf abgeschnittenen Ästen lebt und diese zersetzt, verzichtet man unter gefährdeten Gehölzen besser auf Strauchhäcksel als Mulchmaterial.

Krebs

Auffällige Wucherungen an den Ästen und Zweigen vieler Laubgehölze werden durch den Obstbaumkrebs (*Nectria galligena*) verursacht. Besonders häufig sind diese knolligen Deformationen an Apfelbäumen zu finden. Befällt der Pilz einjährige, noch dünne Zweige, zeigen diese meist von einer Knospe ausgehend braune Verfärbungen und sterben ab. Stärkere infizierte Äste können oft viele Jahre mit dem Erreger überleben. Der Pilz dringt allerdings mit jedem Jahr weiter in das Astgewebe vor, der befallene Baum reagiert darauf mit zusätzlicher Holzbildung, um den Erreger zu überwachsen. Nur selten gelingt dies dem Baum: Die Wucherung am Ast zeigt dann eine geschlossene Oberfläche, was aber nicht mit einer Gesundung gleichzuset-

▲ **Auffällige Krebswucherungen an Ästen und Zweigen verursacht der Obstbaumkrebs.**

zen ist! Meist entwickelt sich ein jahrelanger Wettlauf zwischen Pilz und Wirtspflanze, das Resultat ist eine Wucherung, in deren Zentrum das Holz freiliegt.

Im Herbst sind auf diesen Wucherungen etwa 0,5 mm große, kugelige, rötlich gefärbte Fruchtkörper des Erregers zu finden.
Der Pilz kann praktisch während des ganzen Jahres infizieren und dringt bevorzugt über Wunden oder Blattstielnarben in den Wirtsbaum ein. Die größte Infektionsgefahr herrscht jedoch im Herbst während des Laubfalls, wo der Erreger die frischen Blattstielnarben als Eintrittspforten nutzt. Neben den Trieben und Ästen kann der Obstbaumkrebs auch die Früchte infizieren und verursacht dort eine von der Kelchgrube ausgehende Fäule.

↗ Die Infektionswahrscheinlichkeit durch *Nectria galligena* wird reduziert, indem man Verletzungen an den Gehölzen verhindert, bei unvermeidbaren Wunden ist ein möglichst rasches Verschließen der Wundfläche zu fördern. Schnittmaßnahmen werden deshalb möglichst im Laufe der Vegetationsperiode ausgeführt, da während der Wachstumsphase eine rasche Bildung von Kallusgewebe und damit eine Überwallung der Wundfläche möglich ist. Gesplitterte Wundflächen nach Astbruch müssen glatt gesägt und die Wundränder mit einem scharfen Messer glatt geschnitten werden, um die Bildung des Kallusgewebes zu erleichtern.

Sortenwahl

■ Die zahlreichen Apfelsorten zeigen sich unterschiedlich stark anfällig gegenüber dem Obstbaumkrebs, was zumindest bei Neupflanzungen auf kühlen und damit besonders krebsgefährdeten Standorten zu berücksichtigen ist. Als besonders anfällig gelten z.B. die Sorten 'Berlepsch', 'Cox Orange', 'Goldparmäne' oder 'James Grieve'. ■

↗ Befinden sich Bäume mit Krebswucherungen in der Nachbarschaft, können Fungizid-Behandlungen während des herbstlichen Blattfalls oder nach Hagel durchgeführt werden. Sie schützen die empfindlichen Blattstielnarben bzw. die Hagelverletzungen vor Infektionen durch den Erreger. Befallene Äste sind möglichst sofort zu entfernen, da an den Krebsstellen laufend Sporen gebildet werden, die für Neuinfektionen in der Krone oder an benachbarten Gehölzen verantwortlich sind.

↗ Ist bei Altbäumen der befallene Astbereich für den Kronenaufbau unverzichtbar, kann ein Ausschneiden oder Ausfräsen des Wundbereichs sinnvoll sein. Dies ist aber nur möglich, wenn Starkäste oder sogar der Stamm befallen sind. Nach dem Ausschneiden müssen die entstandenen Wundränder mit einem scharfen Messer glatt geschnitten werden, ein am Wundrand aufgebrachtes Wundbehandlungsmittel kann helfen, das Zurücktrocknen des teilungsfähigen Kambiumgewebes zu verhindern.

▶ **Eine Infektion durch den Birnengitterrost löst an Ästen von Wacholdern zunächst lokale Triebanschwellungen aus. Dort entwickeln sich im Frühjahr zapfenartige Fruchtkörper, die bei Feuchtigkeit besonders einfach zu entdecken sind.**

Gitterrost

Wacholder wird von verschiedenen Rostpilzen befallen, die zum Absterben von Zweigen, Ästen und manchmal auch ganzen Pflanzen führen können. Auffälligstes Er-

Gitterrost-Arten und ihre Wirtspflanzen

Gitterrost	Hauptwirt	Nebenwirt
Gymnosporangium sabinae	*Juniperus chinensis, J. sabina, J. virginiana*; unterschiedlich anfällige Sorten	Birne: gelbe bis orangerote Blattflecken, blattunterseits Gewebewucherungen, später gitterartige Sporenlager
Gymnosporangium clavariiforme	*Juniperus communis*	Weißdorn und Felsenbirne: Flecken und Anschwellungen an Blättern, Trieben und Früchten
Gymnosprangium confusum	*Juniperus sabina, J. oxycedrus, J. virginiana*	Felsenmispel, Weißdorn, Quitte und Eberesche: Blattflecken

kennungsmerkmal der Gitterrost-Arten (*Gymnosporangium*) sind die gallertartigen, hellbraun gefärbten Fruchtkörper, die bei feuchter Witterung im Frühjahr an den befallenen Ästen entstehen. Der Pilz löst an der Infektionsstelle ein verstärktes Gewebewachstum aus, so dass die Äste in diesem Bereich spindelförmig anschwellen. An diesen Verdickungen lässt sich ein Befall auch im weiteren Jahresverlauf nachweisen. Die Gitterrost-Arten sind wirtswechselnde Schadpilze und dabei auf zwei artverschiedene Wirtspflanzen angewiesen. Die *Gymnosporangium*-Arten befallen verschiedene Wacholder-Arten und verursachen im Laufe der Vegetationsperiode Schäden am Laub der jeweiligen Nebenwirte.

- An befallenen Wacholdern sollte man die Äste mit den zapfenförmigen Fruchtkörpern entfernen, um eine Infektion benachbarter oder auch in weiterer Entfernung stehender Nebenwirte zu vermeiden. Durch das bloße Absägen augenscheinlich betroffener Äste lässt sich der Erreger aber nicht aus dem Wacholder eliminieren, weil es sich um eine systemische Infektion handelt.

- Spritzungen der Wacholder im Spätsommer und Herbst zur Reduzierung der Neuinfektionen an Wacholder sind höchstens in Baumschulen praktikabel. Dagegen können Fungizid-Anwendungen im Hausgarten sinnvoll sein, um Blattsymptome an den Nebenwirten zu verhindern. Spalier-Birnbäume und andere kleine Gehölze können während des Austriebs wiederholt behandelt werden. Dazu eignen sich die gegen Apfelschorf ausgewiesenen Fungizide.

- Um die Wahrscheinlichkeit einer Infektion zu reduzieren, sollten die beiden Wirtspflanzen möglichst weit voneinander entfernt gepflanzt werden – oder man verzichtet auf eine der beiden Arten. Allerdings werden die staubfeinen Pilzsporen über 1000 m weit durch den Wind verfrachtet. Der jeweilige Partner kann also auch vom Nachbargarten aus für Infektionen sorgen!

Triebsterben an Zypressengewächsen

An den Zypressengewächsen Wacholder, Lebensbaum und Scheinzypresse sind häufig einzelne abgestorbene Triebspitzen zu finden. Charakteristisch für eine Infektion durch pilzliche Triebsterben-Erreger sind etwa 10 bis 20 cm lange, verbräunte Triebspitzen, im älteren Holz entwickelt sich der Erreger meist nicht weiter.

Diese Erreger aus den Gattungen *Pestalotiopsis*, *Kabatina* oder *Phomopsis* befallen in der Regel nur vorgeschädigte, nicht optimal versorgte Gehölze. Neben Trockenstress können Wunden nach dem Heckenschnitt oder ein Besatz durch die Larven von Miniermotten (*Argyresthia*) die Infektion begünstigen. Später weisen die betroffenen Zweige eng begrenzte Einschnürungen auf, mit der Lupe lassen sich manchmal schon die schwarzen Sporenlager erkennen.

- Befallene Triebe müssen unterhalb der Infektionsstelle entfernt werden; man erkennt sie anhand der Triebeinschnürungen meist recht gut. Dadurch wird eine weitere Verbreitung durch die an den abgestorbenen Triebteilen gebildeten Sporen verhindert.

↗ Vorbeugende Spritzungen mit Belagsfungiziden sind nur in Ausnahmefällen zu vertreten. Ein solcher Fall tritt z. B. dann ein, wenn sich die Erreger in einer Hecke etabliert haben, befallene Triebe ausgeschnitten werden und anschließend ein turnusmäßiger Heckenschnitt ansteht. Grünkupferpräparate schützen dann die zahlreichen Wunden vor Infektionen.

Weitere Schadpilze, die Triebe und Äste abtöten

An den Trieben und Ästen von Gartengehölzen können zahlreiche weitere Schadpilze manchmal größere Schäden verursachen. Diese Pathogene treten aber nicht regelmäßig auf, so dass vorbeugende Fungizid-Behandlungen auf keinen Fall gerechtfertigt sind. Spritzungen sind wegen der Größe der betroffenen Gehölze oft gar nicht praktikabel. Sterben einzelne Triebe an Gehölzen ab, muss zunächst geklärt werden, ob die Schäden durch parasitäre oder nichtparasitäre Ursachen im Wurzel- und Stammbereich ausgelöst wurden. Befallene Triebe und Äste sollten ausgeschnitten und vernichtet werden, um eine weitere Ausbreitung der Erreger in der Krone oder auf benachbarte Wirte zu verhindern. ■

▶ **Einzelne, braun verfärbte Triebspitzen an Zypressengewächsen weisen auf einen Befall durch das Triebsterben hin.**

Schadinsekten an den Trieben

■ Wenn Triebe oder Zweige absterben, können auch Insekten verantwortlich sein, die im oder am Trieb fressen. Auch manche saugenden Insekten können durch massiven Saftentzug die Versorgung des Triebes so stark beeinträchtigen, dass dieser welkt oder abstirbt.

Weitere Schadpilze, die Triebe und Äste abtöten

Wirtspflanze	Erreger	Schadsymptom
Kiefer	*Cronartium flaccidum*	orangerote Sporenlager am Ast oder Stamm, später stirbt der darüber liegende Pflanzenteil ab
Kiefer	*Sphaeropsis sapinea*	Maitriebe bleiben während des Wachstums stecken und sterben ab
Tanne, Douglasie und andere Nadelgehölze	*Phacidiopycnis pseudotsugae*	eingesunkene Rindennekrosen auch an mehrjährigen Ästen, ebenso am Stamm
Pappel	*Cryptodiaporthe populea*	eingesunkene Rindennekrosen am Stamm oder an Ästen, oft stirbt der Gipfeltrieb ab
Weide	*Marssonina salicicola* *Glomerella cingulata*	dunkle, aufreißende Nekrosen an ein- bis zweijährigen Trieben, Blattflecken

Blattläuse

Bei sehr starkem Blattlausbesatz an den weichen, im Wachstum befindlichen Triebspitzen kann der Saftentzug so groß sein, dass die Triebe das Wachstum einstellen und vertrocknen. Dicht von Blattläusen besiedelte, noch knospige Blütenstände öffnen sich oft nicht mehr.

- Da die verursachenden Schädlinge frei und gut erkennbar an den Pflanzen sitzen, kann man sie zunächst mit einem scharfen Wasserstrahl abspritzen oder man zerdrückt die Blattlauskolonien.

- Wer Insektizide einsetzen will, sollte zunächst nützlingsschonende Präparate wählen. Bei Topf- und Kübelpflanzen haben sich die praktischen Pflanzenschutzstäbchen bewährt, insektizide Granulate können in das Substrat eingearbeitet werden.

Blattläuse besiedeln besonders gerne die weichen Triebspitzen oder die Blütenstände ihrer Wirtspflanzen. In den Blattlauskolonien sind oft Nützlinge zu finden, was bei geplanten Bekämpfungsmaßnahmen berücksichtigt werden muss!

Da die Stammläuse an den Zweigen saugen, wird man meist erst auf sie aufmerksam, wenn sich die ersten Schäden schon entwickelt haben. An Thuja-Pflanzen sterben durch den starken Saftentzug oft Triebteile ab.

Stammläuse

Im Gegensatz zu den meisten Blattlaus-Arten saugen die Baum- oder Rindenläuse (*Lachnidae*) an verholzten Pflanzenteilen und sind vor allem an Koniferen nur bei gezielten Kontrollen zu entdecken. Besonders gut entwickeln sich die Läuse bei warmer Witterung oder an geschützten Standorten. Im Gegensatz zu den meisten anderen Blattlaus-Arten, die träge an den Pflanzen sitzen, bewegen sich die Baumläuse recht flink an den Ästen oder Stämmen ihrer Wirtspflanzen. Außerdem sind viele Arten auffällig groß; so gehört die größte heimische Blattlaus-Art *Stomaphis quercus* mit einer Körperlänge bis zu 7 mm zu den Baumläusen.

Die Läuse saugen oft in dichten Kolonien an den Ästen. Der starke Saftentzug verursacht häufig nur geringe Wachstumsminderungen, manchmal sterben aber Zweige an stark besiedelten Ästen ab. Die Verschmutzung durch die Honigtau-Ausscheidungen der Läuse kann ebenfalls sehr störend sein. Manchmal verirren sich die Läuse auf ihren Wanderungen und sind dann in großer Zahl an Hauswänden zu finden.

Baumlaus-Arten kommen sowohl an Nadel- als auch an Laubgehölzen vor. Um an ihre Nahrungsquelle zu gelangen, müssen die Läuse zunächst recht dicke Gewebeschichten an Ästen oder Stämmen durchdringen. Baumläuse besitzen daher einen auffallend langen Saugrüssel. In den Gärten sind manchmal auch an Laubgehölzen große Baumlauskolonien zu finden, die aber kaum Schäden verursachen.

Von einer schädlichen Übervermehrung sind dagegen oft Tannen und Zypressengewächse betroffen, besonders häufig werden Thuja-Hecken besiedelt. Hier wird die Besiedlung meist erst sehr spät erkannt, da die Tiere im Pflanzeninneren an den Trieben und Ästen sitzen. Im Laufe des Spätsommers sterben stark besiedelte Zweige ab oder verlieren zumindest einen großen Teil ihrer Schuppen. Bei genauer Untersuchung der Pflanzen findet man die Läusekolonien an den zwei- bis dreijährigen Ästen im Pflanzeninneren. Die dunklen, 2 bis 4 mm langen Läuse der Gattung *Cinara* sitzen dann dicht gedrängt an den Zweigen und saugen große Mengen Pflanzensaft, die Umgebung der Kolonien ist durch Russtaupilze schwarz verfärbt. Während der Vegetationsperiode können sich mehrere Generationen entwickeln, im Herbst legen die Läuse ihre schwarzen, glänzenden Wintereier an den Zweigen ab.

Stammlauskolonien werden oft sehr stark von Ameisen besucht. Diese schützen die Läusekolonien auch vor Fressfeinden, um von den starken Honigtau-Ausscheidungen der Läuse profitieren zu können. Neben Ameisen findet man häufig sehr viele Bienen an den Läusekolonien. Sie sammeln die Zuckerausscheidungen der Läuse, was die Grundlage für den Waldhonig bildet.

↗ Können natürliche Feinde wie Schlupfwespen, Marienkäfer oder Faltenwespen den Besatz mit Baumläusen nicht ausreichend dezimieren, ist vor allem an Nadelgehölzen der Einsatz von Insektiziden zu erwägen. Spritzungen haben spätestens im August zu erfolgen, spätere Behandlungen begrenzen die Schäden kaum mehr. Gegebenenfalls wartet man mit der Bekämpfungsmaßnahme bis zum nächsten Frühjahr und kontrolliert ab etwa Ende Mai regelmäßig auf einen Baumlaus-Besatz. Sobald sich die ersten Kolonien entwickeln, können Insektizide eingesetzt werden. Damit die Bekämpfung mit nicht-systemischen Präparaten einen ausreichenden Erfolg zeigt, muss der Spritznebel dichte Pflanzen oder Hecken gründlich durchdringen. Dafür wird mit hohem Druck und großer Wasseraufwandmenge gearbeitet.

Blutlaus

Die Blutlaus (*Eriosoma lanigerum*) wurde Ende des 18. Jahrhunderts aus den USA nach Europa eingeschleppt. Sie besiedelt Apfel- oder Birnbäume und verwandte Rosengewächse wie Zierquitte, Felsenmispel, Weißdorn, Feuerdorn oder Eberesche. Auf die Saugtätigkeit der Blutläuse reagieren die besiedelten Pflanzen mit Gewebewucherungen an den Zweigen und Ästen, die als Blutlauskrebs bezeichnet werden. Einjährige Zweige können durch die Saugtätigkeit der Blutläuse absterben, außerdem reifen besiedelte Triebe schlechter aus und sind dann stärker anfällig für Frostschäden. Über die später aufplatzenden Wucherungen können Schadpilze wie der Obstbaumkrebs (*Nectria galligena*) einfacher in das Astgewebe eindringen. Der deutsche Name des Schädlings leitet sich übrigens von der roten Körperflüssigkeit der Tiere ab.

▶ **Sobald die Temperaturen im Frühjahr ansteigen, besiedeln die Blutläuse wieder die Baumkronen. Ein Besatz ist eindeutig an den auffälligen weißen Wachswollausscheidungen zu erkennen.**

Blutlauszehrwespe

Schon in den 1920er Jahren wurde die ebenfalls in den USA heimische, nur etwa 1 mm große Blutlauszehrwespe (*Aphelinus mali*) in Europa eingebürgert. Die zarten, schwarzen Wespen legen jeweils ein Ei in den Körper der Blutlaus ab, die Zehrwespenlarve entwickelt sich geschützt im Körper der Laus. Parasitierte Blutläuse produzieren keine Wachswolle mehr und sind bald nach der Parasitierung als nackte, schwarz gefärbte Läuse zu erkennen. Nach Abschluss ihrer Entwicklung frisst die erwachsene Zehrwespe ein kreisrundes Loch in die Laushülle und verlässt diese. Die Zehrwespe kann dann erneut Blutläuse parasitieren, bei günstigen Witterungsbedingungen entwickeln sich bis zu acht Generationen im Jahr. Die Zehrwespen der letzten Generation überwintern entweder als Larve oder als Puppe in den Blutlausmumien.

Die Blutlauszehrwespen reagieren empfindlich auf Nässe und zu kühle Witterung. Unter entsprechenden Bedingungen entwickelt sich dann die Schädlingspopulation schneller. Auch wenn in manchen Jahren räuberische Insekten besonders stark auftreten (was an sich wünschenswert ist), wird die Zehrwespenpopulation beeinträchtigt: Die Räuber vertilgen die parasitierten Blutläuse samt den darin befindlichen Zehrwespenlarven. Um die Zehrwespen im Garten anzusiedeln, kann man aus alten Apfelanlagen Astabschnitte mit von Zehrwespen parasitierten Blutlauskolonien holen und in die Kronen gefährdeter Bäume hängen.

In Europa überwintern die Tiere als Larven an ihren Wirtspflanzen. Dazu suchen sie geschützte Verstecke wie Rindenrisse oder lose Rindenplatten auf. Die dunklen Larven sind nicht von Wachsausscheidungen bedeckt; man entdeckt sie nur bei genauer Untersuchung der Stämme und Äste. Besonders bei jungen Bäumen mit glatter Rinde überwintern die meisten Blutlaus-Larven am Stammfuß bzw. an den oberflächennahen Wurzeln. Hier überstehen sie sogar tiefe Wintertemperaturen. Schon im frühen Frühjahr findet man die Läuse am Holz ihrer Wirtspflanzen. Die erwachsenen Tiere sind etwa 2 mm groß, rotbraun gefärbt, haben nur kurze Fühler und sind von dichter, weißer Wachswolle überdeckt.

Die Läuse siedeln sich bevorzugt an Schnittstellen, Wunden oder in Blattachseln der Neutriebe an. Später im Jahr sind die von den weißen Wachsfäden bedeckten Blutlauskolonien häufig an Wasserschossern zu finden, selten werden auch Früchte besiedelt. Je nach Witterungsverlauf entwickeln sich bis zu zwölf Generationen im Jahr. Die Entwicklung wird durch windgeschützte, luftfeuchte Standorte und hohe Temperaturen gefördert, deshalb sind Spalierobstbäume an Hauswänden häufig besonders stark besiedelt.

Sortenwahl

Die einzelnen Apfelsorten zeigen Unterschiede in der Anfälligkeit gegenüber der Blutlaus. So werden z. B. 'Goldparmäne', 'Cox Orange', 'James Grieve', 'Weißer Klarapfel' bevorzugt besiedelt, auch die Unterlagen M9 und M27 gelten als hochanfällig.

- Zumindest bei jungen Bäumen überwintert der Großteil der Blutläuse am Stammfuß bzw. an den oberflächennahen Wurzeln. Deshalb kann man im ausgehenden Winter Leimbarrieren am Stamm anbringen, die eine Besiedlung der Baumkronen im Frühjahr behindern.
- Für die direkte Bekämpfung der Blutläuse eignen sich verschiedene insektizide Wirkstoffe. In vielen Fällen reicht es aus, wenn die vereinzelten Kolonien im Frühjahr zunächst mit der Insektizidbrühe bepinselt werden. Man kann die Kolonien aber auch mechanisch durch Abbürsten vernichten. Im biologischen Anbau wird Farnkraut-Extrakt oder Kapuzinerkresse-Auszug gegen Blutläuse verwendet. Auch das Anpflanzen von Kapuzinerkresse auf den Baumscheiben soll die Besiedlung der Bäume im zweiten Jahr erkennbar reduzieren.

Fichtengallenläuse

Verschiedene Arten der Fichtengallenläuse (*Adelgidae*) verursachen Triebanschwellungen an Fichten. Oft handelt es sich nur um einen Schönheitsfehler, manchmal kann der Transport von Nährstoffen aber so stark behindert werden, dass die Triebe absterben. Zu Beginn der Entwicklung erinnern die Gewebewucherungen an

Gallen verursachende Läuse an Fichten

Art	Hauptwirt	Schaden	Galle	Nebenwirt
Rote Fichtengallenlaus (*Adelges laricis*)	v. a. Sitka-Fichte	oft Triebsterben	an der Sprossspitze, wachsartig blassgrün, etwa 10 mm	Lärche, dort starke Wachswollproduktion, in der Folge Nadelfall, ggf. Triebsterben
Gelbe Fichtengallenlaus (*Sacchiphantes abietis*)	v. a. Rot-Fichte	manchmal Triebsterben, meist lokal in der Krone begrenzt	an der Triebbasis, etwa 10 mm lang	kein Wirtswechsel
Grüne Fichtengallenlaus (*Sacchiphantes viridis*)	v. a. Rot-Fichte	meist Triebsterben	umfasst den ganzen Trieb; grün mit roten Schuppenrändern	Lärche

Die mehrkammerigen Gallen der Fichtengallenläuse entstehen durch den Saugreiz der Läuse, die Nadelbasis verbreitert sich daraufhin schuppenartig.

winzige Ananasfrüchte; sie sind zunächst grün oder gelblich, bei manchen Arten auch rot bis violett gefärbt. Bis zum Sommer verholzen die Gallen und werden braun. Abhängig von der Lausart kommen die Gallen an den Triebbasen oder an den Triebspitzen vor. Viele Gallenlaus-Arten benötigen zu ihrer Entwicklung weitere, artfremde Wirtspflanzen, einzelne Arten vermehren sich ausschließlich auf der Fichte. Die vollständige Entwicklung mit Wirtswechsel dauert meist zwei Jahre.

Die Fichtengallenläuse lassen sich wegen ihrer geschützten Lebensabschnitte in den Gallen und aufgrund der Wanderbewegungen zwischen verschiedenen Wirtspflanzen nur innerhalb eng begrenzter Zeiträume bekämpfen. Bei wirtswechselnden Arten kann eine räumliche Trennung der beiden betroffenen Wirtspflanzen einer starken Entwicklung vorbeugen. Die Gallen sollte man rechtzeitig abpflücken.

Im Erwerbsanbau setzt man Insektizide zu Beginn der Besiedlung im frühen Frühjahr ein; dies ist im Hausgarten nicht erforderlich.

Gallwespen

Gallwespen (*Cynipidae*) können verschiedene Organe ihrer Wirtspflanzen besiedeln. Die Pflanzen reagieren mit charakteristischen, oft auffällig großen und farbigen Gewebe-Neubildungen, in denen sich die Larven der Gallwespen gut geschützt entwickeln. Eichen werden auffallend häufig von Gallwespen besiedelt. Triebe können kümmern und absterben, wenn daran Gallen entstehen.

Vor allem an Trieben von Wildrosen sind manchmal die bis über 5 cm großen, außen zerfransten, kugeligen Rosenäpfel zu finden, die von den Larven der Gewöhnlichen Rosengallwespe (*Diplolepis rosae*) verursacht werden. Nur manchmal stirbt der Trieb oberhalb der Wucherung ab, in der Regel wird er kaum in seinem Wachs-

▲ **Die auffälligen Gallen der Gewöhnlichen Rosengallwespe sind kaum schädlich. Die zerfaserten Gebilde werden im Volksmund auch als „Schlafäpfel“ bezeichnet, da sie unter das Kopfkissen gelegt gegen Schlafstörungen helfen sollen!**

tum behindert. Die knapp 5 mm großen und dunkel gefärbten erwachsenen Gallwespen sind recht unauffällig. Ab Ende April legen die Weibchen ihre Eier in die zu diesem Zeitpunkt noch geschlossenen Triebknospen der vorjährigen Rosentriebe. Die Larven lösen die Entwicklung von Gallen aus. Ein Rosenapfel kann aus 50 bis 60 einzelnen Kammern bestehen, in denen sich je eine bis etwa 5 mm große, weiße, beinlose Larve entwickelt.

Die äußerste Schicht der Galle besteht aus fein verästelten, zarten Fäden, die das Erscheinungsbild der Galle prägen. Zunächst sind diese Fäden grün, sie verfärben sich bis zum Hochsommer über Gelb nach Rotbraun. Im Laufe des Jahres verholzt das Gallgewebe. Die Larven fressen den ganzen Sommer in ihren Kammern und verpuppen sich dort erst im nächsten Frühjahr. Im April und Mai erscheint dann die nächste Wespengeneration. Alte, verlassene Gallen sind braun gefärbt, die verholzten Gallen können über viele Jahre in den Sträuchern verbleiben.

↗ Da die Triebe nach einer Besiedlung durch die Rosengallwespe in der Regel nicht absterben, sind direkte Bekämpfungs-Maßnahmen nicht notwendig. Wenn in einer Wildrosenpflanzung sehr viele Triebe besiedelt sind, kann man die Gallen spätestens im Winter herausschneiden und vernichten.

Rosentriebbohrer

Im Laufe des Frühjahrs sind an Rosen gelegentlich welkende Triebe zu finden. Diese vertrocknen bald, die Rosen treiben unterhalb der Schadstelle wieder durch. An der Übergangsstelle zwischen geschädigtem und grünem Trieb ist später ein charakteristisches Bohrloch zu finden. Hier hat die Larve des **Abwärtssteigenden Rosentriebbohrers** (*Ardis brunniventris*) ihren Fraßgang verlassen und ist in die oberste Bodenschicht abgewandert. Dort überwintern die Larven, verpuppen sich im folgenden Frühjahr und entwickeln sich dann zu etwa 5 mm langen, dunklen Blattwespen. Diese legen ihre Eier an das Blattgewebe junger Endknospen, wo die hellen Larven mit hellbrauner Kopfkapsel zunächst frei fressen. Bald bohren sie sich in den Trieb ein und fressen hier einen nach unten gerichteten Gang aus. An der Triebspitze ist das ursprüngliche Einbohrloch an den daraus hervorquellenden schwarzen Kotkrümeln zu erkennen. Der Abwärtssteigende Rosentriebbohrer entwickelt lediglich eine Generation im Jahr, allerdings kann sich die Flugzeit und die Eiablage der Blattwespen ab Mai über mehrere Wochen hinziehen.

▶ **Haben Rosentriebbohrer einen Rosenstrauch besiedelt, findet man am Trieb kleine Einbohrlöcher. Nur der Abwärtssteigende Rosentriebbohrer schädigt die Gartenrosen.**

Der sich ähnlich entwickelnde **Aufwärtssteigende Rosentriebbohrer** (*Blennocampa elongatula*) hat nur beim Anbau von Schnitt-

rosen eine gewisse Bedeutung. Seine Larve frisst sich im Trieb nach oben, durch das mit dem Vordringen der Larve fortschreitende Wachstum des Triebes welkt dieser in der Regel aber nicht ab. Die Anwesenheit des Aufwärtssteigenden Rosentriebbohrers wird meist durch das helle Bohrmehl auffällig, das aus dem Einbohrloch am unteren Ende des Fraßganges herausrieselt. Schnittrosen mit Bohrloch im Stängel welken in der Vase viel schneller als nicht besiedelte Rosen.

- Im Garten empfiehlt es sich, abwelkende Triebe an Rosen rechtzeitig mit den darin befindlichen Larven abzuschneiden und zu vernichten. Insektizide könnten einen Schaden nur dann begrenzen, wenn sie während der gesamten Eiablagezeit der Blattwespen auf die Rosenbeete ausgebracht würden – dieser Zeitraum zieht sich über mehrere Wochen hin.

Birnentriebwespe

Ein dem Schadbild der Rosentriebbohrer vergleichbares Symptom an Birnen, Apfel oder Weißdorn verursacht die Birnentriebwespe (*Janus compressus*). Die erwachsene Triebwespe bereitet den für die Entwicklung ihrer Larve vorgesehenen Trieb durch spiralig angeordnete Einstiche vor und legt dann ein Ei in das Mark des Triebes ab. Der betroffene Trieb beginnt zu welken, die Larve frisst sich etwa 25 cm im Trieb abwärts. Sie verpuppt sich im Trieb und verlässt ihn erst im Frühjahr als erwachsene Halmwespe.

- Besiedelte Triebe sollte man abschneiden und vernichten.

Kiefernharzgallenwickler

Die Raupen des Kiefernharzgallenwicklers (*Petrova resinella*) können bewirken, dass Triebe an Kiefern absterben. Auf einen Besatz wird der Gärtner meist durch das bis etwa 3 cm große, kugelige Gebilde am Zweig aufmerksam, das von der Schmetterlingsraupe hergestellt wird. Bei geschwächten Pflanzen sterben die über der Fraßstelle befindlichen Triebteile ab, vitale Pflanzen wachsen oft weiter. Die braunen Falter mit bis 20 mm Flügelspannweite fliegen etwa im Juni und legen ihre Eier an die Nadelbasen der jungen Triebe ab. Die Räupchen bohren sich geschützt unter einem Gespinst in das Rindengewebe. Durch diese Verletzung tritt Harz aus, das die Wicklerraupe zusammen mit Kotkrümeln und Gespinstfäden zum Bau der Gallen verwendet.

▶ Die Raupen des Kiefernharzgallenwicklers fressen im Trieb und fertigen eine auffällige, kugelige Galle an. Über der Fraßstelle kann der Trieb absterben.

Schließlich bohren sich die Larven in den Trieb ein und fressen dort den ganzen Sommer sowie an milden Wintertagen einen Gang im Mark. Auch im nächsten Frühjahr und Sommer fressen sie weiter, die Harzgalle wird dabei bis etwa Kirschgröße erweitert. Es entstehen zwei Kammern: In eine wird Kot abgelagert, die andere dient nach einer zweiten Überwinterung der Verpuppung. Die Puppe schiebt sich aus dem Harzgebilde heraus, die Falter schlüpfen etwa Ende Mai. Die Puppenhüllen sind oft noch lange an den Gallen zu finden.

- Die Schäden, die von den Raupen des Kiefernharzgallenwicklers verursacht werden, sind zwar auffällig, Massenvermehrungen mit entsprechend massiven Schäden kommen in Gärten aber selten vor. Deshalb reicht es aus, die betroffenen Triebe herauszuschneiden und mit den darin befindlichen Raupen oder Puppen zu vernichten.
- Eine direkte Bekämpfung mit Insektiziden ist in den allermeisten Fällen nicht notwendig; sie wäre ohnehin nur während der kurzen Phase des Falterfluges möglich.

Miniermotten an Zypressengewächsen

An Scheinzypresse, Wacholder und Lebensbaum treten häufig Triebschäden durch die Raupen von Kleinschmetterlingen auf. Die äußersten 2 bis 5 cm der Triebspitzen verfärben sich zunächst gelb und werden schließlich braun bis grau. Das abgestorbene Gewebe ist dabei scharf vom gesunden Triebteil abgegrenzt. Besonders bei Lebensbäumen sind die Fraßgänge im Inneren der Triebe gut zu erkennen, wenn man besiedelte Zweige gegen helles Licht hält. Im Inneren der geschädigten Triebe sind dann zumindest die Kotkrümel, je nach Zeitpunkt der Kontrolle auch noch Larven und Puppen zu entdecken. Mit Hilfe einer Lupe sind die stecknadelkopfgroßen Ausbohrlöcher an den Trieben gut zu finden.

Die **Wacholderminiermotte** (*Argyresthia trifasciata*) und die **Thujaminiermotte** (*Argyresthia thuiella*) besiedeln unabhängig von ihrer deutschen Bezeichnung auch die anderen Zypressengewächse. Etwa ab Ende Mai sind die erwachsenen Motten an ihren Wirtspflanzen zu finden. Die zarten Kleinschmetterlinge sind nur etwa 10 mm groß, wenig flugaktiv und halten sich meist zwischen den Trieben ihrer Wirtspflanzen auf. Durch Schütteln der Pflanzen werden die Schmetterlinge aufgeschreckt und fliegen kurz auf, um sich sofort wieder in das Pflanzeninnere zurückzuziehen.

Die erwachsenen Motten leben nur kurz und legen ihre Eier etwa im Juni an den Blattschuppen ihrer Wirtspflanzen ab. Aus den Eiern schlüpfen 1 mm große Räupchen, die sich sofort in die Triebe einbohren. Dort fressen sie das Gewebe aus und es entstehen die charakteristischen Miniergänge. Die Larven häuten sich mehrmals und wechseln ihren Fraßort, so dass eine einzige Larve mehrere Triebspitzen zum Absterben bringen kann.

Die Larven der Wacholderminiermotte verlassen Ende November die Triebe und suchen geschützte Orte an stärkeren Ästen oder Stämmen ihrer Wirtspflanzen auf, wo sie einen Kokon aus Kotkrümeln und Pflanzenresten spinnen und sich im Frühjahr verpuppen. Die Larven der Thujaminiermotte überwintern dagegen in den Trieben und verpuppen sich dort auch im Frühjahr.

▲ **Im Gegenlicht lässt sich eine Besiedlung durch Miniermotten gut von anderen Schadfaktoren unterscheiden: Die Fraßgänge, Kotkrümel und manchmal auch die Raupen selbst sind dann zu erkennen.**

- ↗ Bei leichtem Besatz reicht es meist aus, die besiedelten Triebspitzen abzuschneiden und zu vernichten. Dies sollte spätestens im Oktober geschehen, da sich zu diesem Zeitpunkt auch die Larven der Wacholderminiermotte noch in den Trieben aufhalten und so einfach zu vernichten sind.
- ↗ Insektizidspritzungen sind nur während der Flugzeit der Falter sinnvoll. Dieser Zeitraum wird durch Schütteln und Kontrolle der auffliegenden Insekten bestimmt.

Verfärbungen und Flecken an Blättern und Nadeln

Sonnenbrand

Die Oberflächenstruktur von Pflanzengewebe wird unter anderem von den klimatischen Bedingungen während der Gewebe-Entwicklung beeinflusst. Schattenblätter sind größer und dünner als Blätter, die sich im vollen Sonnenlicht entwickeln. In der Natur schlagen die Lichtverhältnisse während der Lebensdauer des Blattes normalerweise nicht plötzlich um, aber Pflegemaßnahmen im Garten können dramatische Veränderungen bewirken. Sonnenbrandschäden treten daher besonders nach Schnittmaßnahmen an Hecken oder Sträuchern im späten Frühjahr oder Sommer auf. Die ursprünglich im Inneren des Strauches oder Heckenkörpers schattierten Blätter sind dadurch schlagartig Starklichtbedingungen ausgesetzt.

Die Belichtungsverhältnisse können sich ebenfalls drastisch verändern, wenn benachbarte Gehölze gerodet werden. Nadeln oder Blätter zeigen dann flächige, zunächst oft fahle bis weiße Verfärbungen; das betroffene Gewebe stirbt ab und verfärbt sich später braun. Sehr häufig treten solche Blattverbrennungen an geschützt überwinterten Kübelpflanzen auf, die während einer Schönwetterperiode im Frühjahr ausgeräumt wurden.

- Um Schäden durch Sonnenbrand zu vermeiden, führt man größere Eingriffe wie Rodungen nur während der Vegetationsruhe durch. Ein Hecken- bzw. Strauchschnitt im Laufe der Vegetationsperiode wird bevorzugt während Schlechtwetterperioden durchgeführt.

- In Einzelfällen kann eine vorübergehende Schattierung mit Schilfrohrmatten oder Schattiergewebe größere Schäden verhindern.

- Kübelpflanzen sollten so früh wie möglich ausgeräumt werden, sie dürfen nie vom Winterquartier direkt in die pralle Sonne kommen.

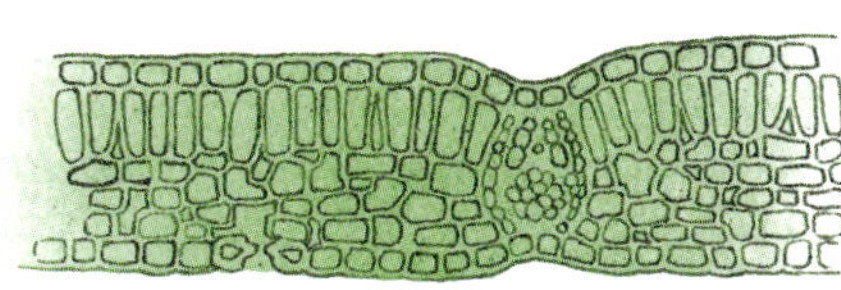

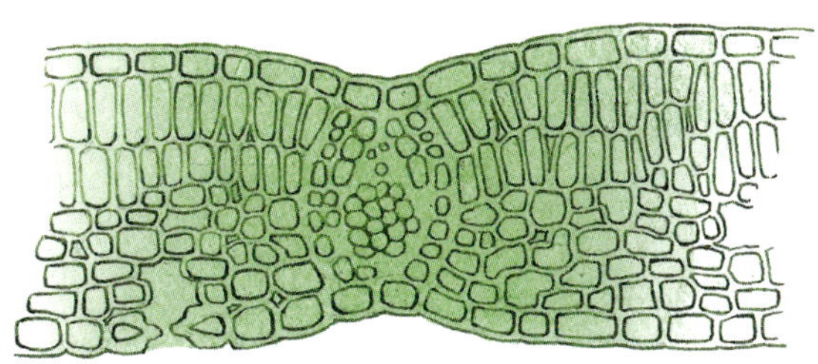

▶ **Vergleicht man Blätter aus dem Kroneninneren mit solchen von der Kronenperipherie, wird der Einfluss der stark unterschiedlichen Belichtung offensichtlich: Die Blätter aus dem beschatteten Kroneninneren (oben) sind größer und vor allem dünner im Vergleich zu den relativ dicken und kleineren Blättern der Kronenperipherie (unten), die sich bei wesentlich höherer Lichteinstrahlung entwickelt haben.**

▲ Viele Viren verursachen diffuse Blattflecken an ihren Wirtspflanzen. Darüber hinaus wird das Pflanzenwachstum in den meisten Fällen kaum beeinträchtigt.

Virusbedingte Blattverfärbungen

Viele Viruserkrankungen äußern sich in diffusen, hellgrünen bis gelben Farbveränderungen an den Blättern. Diese sind nicht in jeder Entwicklungsphase der Pflanze gleich stark ausgeprägt, sie können auch wieder verschwinden. Das bedeutet jedoch nicht, dass die Pflanze dann wieder virusfrei ist – Viruserkrankungen an Pflanzen sind grundsätzlich nicht heilbar.

Manche interessante Veränderung an Pflanzen wird durch Viren verursacht. Dazu gehören einige panaschierte Pflanzen wie z. B. die Schönmalve (*Abutilon*), bei der eine Infektion durch das Abutilon mosaic virus zu der hier ausnahmsweise erwünschten gelben Panaschierung des Laubes führt. Die meisten Viren an Gartenpflanzen beeinflussen das Wachstum ihrer Wirtspflanzen kaum. Im Obstbau gibt es allerdings Viruserkrankungen, die nachhaltige Schäden verursachen.

↗ Viruserkrankungen, die lediglich zu Blattverformungen, diffusen Blattflecken oder zum teilweisen Vergilben von Trieben führen, sind im Garten zu tolerieren. Durch das Abschneiden betroffener Pflanzenteile lässt sich die Erkrankung nicht heilen, da sich Viren fast immer systemisch in der ganzen Pflanze ausbreiten.

↗ Von virusbefallenen Pflanzen sollte man aber keinesfalls Stecklinge oder Steckhölzer für die Vermehrung abnehmen.

Bakterielle Blattflecken

Bakterien-Infektionen verursachen ähnliche Blattschäden wie Blattfleckenpilze. Bakterielle Blattflecken-Erkrankungen treten recht häufig bei Stauden auf. Zur Unterscheidung von pilzlichen Blattflecken wird die oft eckige Form und die oftmals dunkle Verfärbung der Blattadern herangezogen, außerdem fehlen Fruchtkörper. Eine sichere Diagnose ist meist nur durch eine Laboruntersuchung möglich. Verursacher sind vor allem wenig spezialisierte *Pseudomonas*- und *Xanthomonas*-Arten. Deshalb können sich auch unterschiedliche

▼ Blattflecken durch Bakterienkrankheiten kommen vor allem an Stauden vor. Unter den Gehölzen werden bei feuchter Witterung vor allem Magnolien und Walnuss befallen.

Bakterielle Blattflecken an Gartenpflanzen

Wirtspflanze	Schadbild
Walnuss	dunkelbraune, eckige Blattflecken, vorzeitiger Laubfall, auch Fruchtbefall
Magnolie	dunkelbraune, eckige Blattflecken
Chrysanthemen	dunkelbraune Flecken, oft von den Blattadern ausgehend
Sonnenblumen	braune, runde Flecken auf dem Laub, oft von gelbem Hof umgeben
Fingerhut	chlorotische Blattränder, die später vertrocknen, Blätter rollen sich ein

Pflanzenarten untereinander anstecken.

- Bakterienkrankheiten treten vor allem unter sehr feuchten Bedingungen auf, die Verbreitung erfolgt hauptsächlich durch Wasserspritzer. Gefährdete Kulturen werden deshalb möglichst nicht über das Laub beregnet. Ist dies bei bodendeckenden Stauden nicht zu vermeiden, muss frühmorgens gegossen werden, damit die Blätter rasch abtrocknen.

- Bakterien können in abgestorbenen Pflanzenteilen überdauern. Deshalb spielt die Hygiene in der Pflanzung eine große Rolle, um einen Befall zu verhindern.

- Bekämpfen lassen sich Bakterienkrankheiten an Gartenpflanzen kaum. Kupferhaltige Fungizide besitzen eine Nebenwirkung gegen Bakterien, Maßnahmen sind aber nur in Einzelfällen, besonders bei nasskalter Witterung, zu vertreten.

Blatt- und Nadelpilze

Zahlreiche Pilzerkrankungen können die Blätter oder die Nadeln jeder Pflanze befallen. Ein Befall äußert sich meist in Belägen oder in trockenen, sich braun verfärbenden Flecken im Gewebe, manche Pilze führen zu Blattverformungen. Bei starkem Befall fallen die geschädigten Nadeln oder Blätter oft vorzeitig ab. In vielen Fällen sind die auslösenden Pilze auf einzelne Wirtspflanzen-Arten oder -Familien spezialisiert, so dass artfremde Pflanzen nicht angesteckt werden. Pilzerkrankungen an Nadeln oder Blättern sind zunächst nur an einzelnen Blättern oder Nadeln bzw. in begrenzten Kronenbereichen nachzuweisen, sie können sich mit der Zeit über die gesamte Pflanze ausbreiten. Bei günstigen Infektionsbedingungen und erhöhter Anfälligkeit der Wirtspflanze sind manche Erreger in der Lage, in kürzester Zeit das Laub der gesamten Pflanze oder die Nadeln eines vollständigen Jahrgangs zu befallen.

Echte Mehltaupilze

Nahezu alle laubtragenden Pflanzen können von Schadpilzen befallen werden, die wegen ihres einheitlichen Schadsymptoms mit weißen, mehlartigen Belägen auf den Blättern und jungen Trieben die Bezeichnung Echte Mehltaupilze (*Erysiphaceae*) tragen. Obwohl sich die Schadsymptome an den verschiedensten Pflanzen sehr ähneln, handelt es sich um unterschiedliche Pilzarten. Die Echten Mehltaupilze sind auf einzelne Wirtspflanzen-Gattungen spezialisiert. Ein Mehltaubefall an Rosen kann also nicht von einem mehltaubefallenen Ahornbaum ausgehen, sondern nur von in der Umgebung stehenden anderen Rosen.

Die meisten Echten Mehltaupilze entwickeln ihre Beläge ausschließlich auf den Blattoberseiten. Sie leben vor allem außerhalb des Wirtsgewebes, ihr weißes Pilzfadengeflecht befindet sich auf den befallenen Pflanzenteilen. Die Pilze entwickeln spezielle Saugwurzeln (Haustorien), mit denen sie in das Pflanzengewebe eindringen. Echte Mehltaupilze entwickeln sich nur auf lebendem Pflanzengewebe, sie sind obligate Parasiten. Auf abgefallenem Laub stirbt der Erreger ab, er kann hier höchstens in Form widerstandsfähiger Fruchtkörper überdauern. Die Echten Mehltaupilze befallen vor allem junge, im Wachstum befindliche Blätter, mit zunehmendem Alter entwickelt das Gewebe eine gewisse Altersresistenz.

Bei starkem Befall vertrocknet das befallene Gewebe, Blätter und Triebspitzen sterben dann ab. An manchen Wirtspflanzen verursachen Echte Mehltaupilze deutliche Blattdeformationen, etwa an der Lorbeerkirsche (*Prunus laurocerasus*). Bei Rosen, Apfelbäumen, Stachelbeersträuchern und vielen Stauden werden neben dem Laub auch die Triebe stark befallen. An manchen Wirtspflanzen kommt es sogar zu Belägen auf den Früchten, die dann nicht mehr ausreifen. Fruchtinfektionen treten bei anfälligen Stachelbeersorten und manchmal an Pfirsich auf.

Im Laufe der Vegetationsperiode werden ständig ungeschlechtliche Sporen produziert, die der Massenverbreitung des Pilzes dienen. Echte Mehltaupilze werden oft als „Schönwetterpilze“ bezeichnet. Ihre Sporen sind nämlich im Gegensatz zu den meisten anderen Schadpilzen an Pflanzen nicht auf eine mehr oder weniger lange Blattnässedauer angewiesen. Da die Sporen der Echten Mehltaupilze einen hohen Wassergehalt besitzen, verlaufen Sporenkeimung und Infektion schon bei einer Luftfeuchte über 70 %.

Im Herbst entstehen in dem dichten Pilzfadengeflecht auf der Pflanzenoberfläche widerstandsfähige Fruchtkörper, die so genannten Kleistothezien. Diese Dauerorgane besitzen arttypisch gestaltete Anhängsel, die die mikroskopische Bestimmung der Mehltau-Art ermöglichen. In diesen Fruchtkörpern werden Ascosporen gebildet, die auf dem Laub überwintern. Größere Bedeutung für den praktischen Pflanzenschutz hat jedoch die Fähigkeit der Echten Mehltaupilze, in die Knospen ihrer Wirtspflanzen einzudringen und dort als Pilzfäden (Mycel) zu überwintern.

Echte Mehltaupilze befallen bevorzugt weiches Pflanzengewebe, stickstoffüberversorgte Gehölze sind daher besonders anfällig. Unter Trockenstress oder Staunässe leidende Pflanzen werden ebenfalls sehr schnell befallen – unter günstigen Infektionsbedingungen kommt es innerhalb kürzester Zeit zum Totalbefall. Kübelpflanzen auf Terrassen sind besonders betroffen.

↗ Das Infektionspotenzial lässt sich etwas senken, indem man

▼ **Fast alle Laubgehölze, Stauden, Zierpflanzen und Gemüse-Arten können von Echten Mehltaupilzen befallen werden. Die weißen Beläge auf den Pflanzen sind kaum mit anderen Erregern zu verwechseln. Unten: Echter Mehltau der Berberitze. Rechts unten: Echter Mehltau an Blütenknospen einer Rose.**

Echte Mehltaupilze und ihre Wirtspflanzen

Wirtspflanze	Mehltau-Art	Schadsymptom
Apfel	*Podosphaera leucotricha*	Beläge auf Blättern und Triebspitzen, Triebspitzensterben
Pfirsich	*Sphaerotheca pannosa*	Beläge auf Blattunterseiten, Blattdeformationen, Blattfall, Triebbefall mit Triebverkrümmungen, Fruchtbefall
Stachelbeere	*Sphaerotheca mors-uvae*	Beläge auf Blättern und Triebspitzen, Knospenschäden, Fruchtbefall
Gurke	*Sphaerotheca fuliginea* *Erysiphe cichoracearum*	Beläge auf dem Laub, später auch an Stängeln und Früchten
Möhre	*Erysiphe heraclei*	dichte weiße Beläge auf dem Laub, nur bei sehr starkem Befall in trockenen Jahre auch Ertragsminderung
Rose	*Sphaerotheca pannosa*	Beläge auf Blättern, Trieben und Blütenknospen
Lorbeerkirsche	*Podosphaera tridactyla*	unscheinbare Beläge blattunterseits, hier Gewebeverkorkungen, Blattdeformationen
Phlox	*Erysiphe magnicellulata*	weiße Beläge an Blättern
Rittersporn	*Erysiphe ranunculi*	weiße Beläge an Blättern und Stängeln

das Herbstlaub mit den dort überwinternden Ascosporen entfernt. Da die Echten Mehltaupilze aber vor allem in den Knospen überwintern, sollten stark befallene Triebe oder Triebspitzen ausgeschnitten und vernichtet werden.

↗ Mit Infektionen durch Echte Mehltaupilze ist vom Austrieb bis zum Triebabschluss zu rechnen. Wer gegen den Erreger vorgehen will, muss diese lange Bekämpfungsphase berücksichtigen. Je nach Witterung, Triebzuwachs und eingesetztem Wirkstoff müssen anfällige Pflanzen im Abstand von zehn Tagen bis drei Wochen behandelt werden. Um die Selektion resistenter Mehltaurassen zu vermeiden, ist zwischen verschiedenen Wirkstoffen abzuwechseln.

↗ Am allerbesten achtet man im Garten aber auf widerstandsfähige Sorten, wie sie z. B. bei Rosen, Stachelbeeren, Apfel und Gurken erhältlich sind. Allerdings kann die Widerstandsfähigkeit von Pflanzen gegenüber Schaderregern mit den Jahren nachlassen, da sich auch die Schadpilze an neue Lebensbedingungen anpassen und langfristig eine Resistenz durchbrechen können.

Falsche Mehltaupilze

Viele Laubpflanzen werden von Schadpilzen aus der Familie der Falschen Mehltaupilze (*Peronosporaceae*) befallen. Ungeachtet der deutschen Bezeichnung haben die Falschen Mehltaupilze keinerlei Gemeinsamkeiten mit den Echten Mehltaupilzen: Sowohl die Symptome an den Blättern als auch die Biologie und die daraus resultierenden Bekämpfungsstrategien unterscheiden sich sehr stark. Außerdem haben die meisten gegen Echte Mehltaupilze eingesetzten Fungizide keine Wirkung gegen Falsche Mehltaupilze.

Falsche Mehltaupilze wachsen mit ihren Pilzfäden zum größten Teil innerhalb des Pflanzengewebes, lediglich die Vermehrungsorgane in Form zarter Konidienträger ragen aus den Spaltöffnungen der befallenen Blätter heraus. Wenn überhaupt Beläge entstehen, sind diese auf den Blattunterseiten der infizierten Pflanzen zu finden. Die außerhalb des Pflanzengewebes sichtbaren Pilzfadenstrukturen sind aber wesentlich unauffälliger als bei den Echten Mehltaupilzen. Sie treten vor allem bei feuchtkühler Witterung auf und sind meist eher schmutzig grau gefärbt.

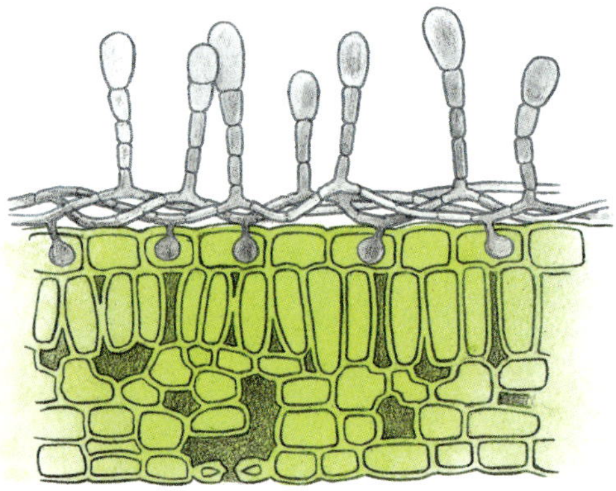

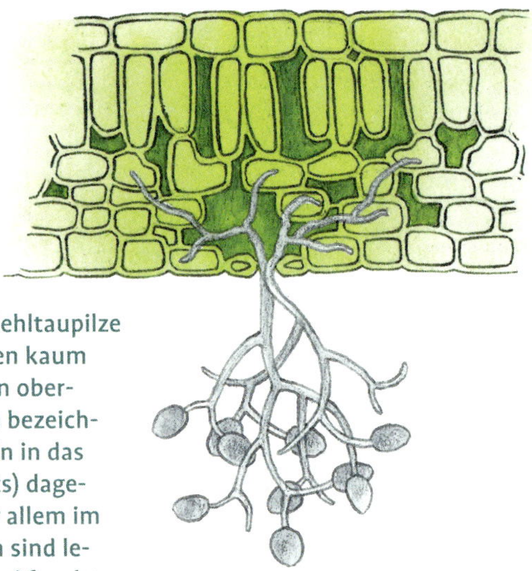

▲ **Die deutsche Bezeichnung der Echten und Falschen Mehltaupilze könnte in die Irre führen: Die beiden Pilzgruppen haben kaum Gemeinsamkeiten! Echte Mehltaupilze (links) wachsen oberflächlich auf der Pflanze, sie werden als Ektoparasiten bezeichnet. Um sich zu ernähren, dringen sie mit Saugwurzeln in das Pflanzengewebe ein. Die Falschen Mehltaupilze (rechts) dagegen werden als Endoparasiten bezeichnet, weil sie vor allem im Pflanzengewebe leben. Außerhalb ihrer Wirtspflanzen sind lediglich die verästelten Konidienträger zu sehen. Nur bei feuchter Witterung bilden sich diese Vermehrungsorgane als schmutzig weißer bis grauer, zarter Flaum auf den Blattunterseiten.**

Deutlicher lassen sich Schäden durch Falsche Mehltaupilze anhand der Symptome auf den Blattoberseiten erkennen. Da der Pilz im Blattgewebe lebt und durch die Blattadern etwas in seiner Ausbreitung gehemmt wird, haben die zunächst oft gelben, später sich braun verfärbenden Blattflecken meist eine von den Blattadern begrenzte eckige Form. Bei starkem Befall sterben die Blätter schließlich vollständig ab.

Die Falschen Mehltaupilze sind an feuchtes Klima angepasst. Sie treten deshalb vor allem an Pflanzen in Gewächshäusern auf. In sehr feuchten Jahren kann es jedoch auch zu massiven Schäden im Freiland kommen. Gefährdet sind dann insbesondere Gurken, Salat, Spinat und andere Gemüse-Arten, aber auch viele Sommerblumen, Stauden und manchmal sogar Rosen.

◀ **Falsche Mehltaupilze befallen viele Wirtspflanzen. Bei feuchter Witterung treten sie oft an Gurken auf. Das Laub wird fleckig gelb, später vertrocknen die Blätter und die Gurkenpflanzen können absterben.**

↗ Um einem massiven Befall durch Falsche Mehltaupilze vorzubeugen, beregnet man gefährdete Pflanzenbestände möglichst nicht über Kopf. Lässt sich bei Salaten, dichten Gurkenbeständen oder bodendeckenden Stauden eine Benetzung der Pflanzen beim Gießen nicht verhindern, gießt man konsequent in den frühen Morgenstunden. Das Laub trocknet dann rasch wieder ab.

↗ Ausreichend große Pflanzabstände und insgesamt gut durchlüftete Bestände tragen ebenfalls dazu bei, dass Pflanzenoberflächen schnell abtrocknen.

↗ Im Hausgarten sind nur in sehr feuchten Jahren Fungizid-Spritzungen gegen Falsche Mehltaupilze erforderlich.

↗ Von manchen Gemüse-Arten wie Feldsalat, Spinat, Kopfsalat oder Gurken sind widerstandsfähige Sorten erhältlich, auf die man beim Saatgutkauf achten sollte.

Rostpilze

Nahezu alle Pflanzenfamilien werden von spezialisierten Rostpilzen befallen. Rostpilze treten an Gräsern, Sommerblumen, Stauden, Laub- und Nadelgehölzen sowie zahlreichen Gemüse-Arten auf. Charakteristisch für Rostpilze sind auffällig gefärbte Sporenlager auf den Blattunterseiten, manchmal brechen sie direkt aus dem Rindengewebe hervor. Manche Rostpilze können sich nur dann vollständig entwickeln, wenn zwei artverschiedene Wirtspflanzen vorhanden sind. Je näher die beiden Wirtspflanzen beieinander stehen, desto größer ist die Infektionsgefahr.

Rostpilze an Blättern oder Nadeln führen meist zu einem raschen Vergilben und Absterben der befallenen Pflanzenorgane. Starker Befallsdruck führt oft zu einem fast vollständigen Laubverlust. Bei Nadelgehölzen sind in der Regel nur einzelne Nadeljahrgänge befallen, die schließlich abfallen. Ein entsprechend früher und starker Befall kann bei fruchttragenden Gehölzen einen vollständigen Ernteausfall nach sich ziehen. Ausgelöst durch den massiven Blattfall treiben die Gehölze manchmal im Sommer oder sogar im Herbst nochmals aus. Diese Nottriebe reifen vor Eintritt der Frostperiode nicht mehr aus und erfrieren häufig im Laufe des Winters.

Falsche Mehltaupilze und ihre Wirtspflanzen

Wirtspflanze	Falscher Mehltau	Schadsymptom
Spinat	*Peronospora effusa*	pockenförmige Erhebungen an der Blattunterseite, gelbe Blattverfärbung
Feldsalat	*Peronospora valerianellae*	gelbe Blattflecken
Kopfsalat	*Bremia lactucae*	gelbe, später braune, eckige Blattflecken
Gurke	*Pseudoperonospora cubensis*	gelbe, eckige Blattflecken, vollständiger Laubverlust
Rose	*Peronospora sparsa*	violette Blattflecken
Stauden	*Plasmopora, Peronospora, Bremia*	gelbe bis rötliche Blattflecken, Blätter sterben ab

Rostpilze und ihre Wirtspflanzen

Rostpilz	Schadbild
Tranzschelia discolor	Rostpusteln und Blattfall an Pflaumen ↔ Blattflecken und -deformationen an Anemonen
Gymnosporangium sabinae	Triebanschwellung und Triebsterben an Wacholder ↔ Blattflecken und vorzeitiger Laubfall an Birne
Cronartium ribicola	Blattflecken, fädige Sporenlager blattunterseits und Blattfall an Johannisbeeren ↔ spindelförmige Zweiganschwellungen, orangefarbene Sporenlager und Triebsterben an Kiefern
Chrysomyxa rhododendri	Blattflecken und blattunterseits Pusteln an Rhododendron-Arten ↔ gelbe Nadelfleckung und Nadelfall an Fichten
Phragmidium mucronatum	Rosen mit gelb bis orange gefärbten Blattflecken, blattunterseits Pusteln, Laubfall
Puccinia pelargonii-zonalis	Pelargonien mit gelblichen Blattflecken, blattunterseits meist kreisförmig angeordnete Pusteln
Uromyces appendiculatus	Bohnen mit gelben, leicht erhabenen Blattflecken, blattunterseits Pusteln
Puccinia-Arten	Rasengräser mit gelb-orangefarbenen Pusteln, Rasen erscheint insgesamt gelborange

Viele Rostpilze verursachen ganz charakteristische Schadbilder: Auf den Blattoberseiten sind meist gelbe, braune oder rötliche, scharf vom gesunden Blattgewebe abgegrenzte Flecken zu erkennen. Auf den Blattunterseiten entwickeln sich ebenfalls farblich auffallende Pusteln, die beim Darüberstreichen abfärben.

- Rostpilze befallen bevorzugt trockenheitsgeschädigte Pflanzen, können aber auch vitale Pflanzen infizieren. Die Sporen sind zur Keimung auf eine feuchte Pflanzenoberfläche angewiesen, so dass es darauf ankommt, ein rasches Abtrocknen der Pflanzen nach Niederschlägen zu fördern.

- Da die meisten wirtssteten Rostpilze auf dem Falllaub überwintern, wird schon durch das gewissenhafte Entfernen der abgefallenen Blätter im Herbst der Entwicklungszyklus unterbrochen. Allerdings befallen manche Rostpilze auch die Triebe, dann müssen gezielte Schnittmaßnahmen durchgeführt werden, um den Erreger zu beseitigen.

Der Apfelschorf ist der bedeutendste Schaderreger im Erwerbsanbau. In feuchten Jahren ist das Laub oft schon im August so stark befallen, dass es vorzeitig abfällt. Dann kommen auch die Früchte nicht mehr zur Reife.

- Will man Rostpilze mit Fungiziden bekämpfen, muss die Behandlung frühzeitig erfolgen; die Spritzungen müssen regelmäßig wiederholt werden.

Schorfpilze

Die Bezeichnung „Schorf" wird für krankheitsbedingte Veränderungen an Pflanzen verwendet, die sich in oberflächlich rissigen Wundstellen äußern. Für solche Symptome können verschiedene Erreger verantwortlich sein. Die wirtschaftlich größte Bedeutung hat der Apfelschorf (*Venturia inaequalis*). Ähnliche Schäden entstehen an vielen anderen Wirtspflanzen durch verwandte Schadpilze.

Schorfpilze können schon kurz nach dem Austrieb der Wirtspflanzen erste Schadsymptome am Laub verursachen. Die Blätter zeigen dann meist auf der Oberseite diffuse, olivgrüne bis braune Flecken, später vertrocknet das infi-

Schorfpilze an Gehölzen

Wirtspflanze	Schorfpilz	Schadsymptom	Bemerkungen
Apfel, Eberesche	*Venturia inaequalis*	diffuse Blattflecken, vorzeitiger Laubfall, Fruchtinfektionen, rissige Früchte mit sekundärer Fäule	Überwinterung hauptsächlich auf dem Falllaub
Birne	*Venturia pyrina*	dunkle Blattflecken, Fruchtinfektionen wie beim Apfel	Überwinterung meist auch auf Zweigen
Kirsche	*Venturia cerasi*	kaum Blattschäden, eingesunkene, dunkle Flecken auf den Früchten, vorzeitiger Fruchtfall	Überwinterung an Zweigen und auf dem Falllaub
Weiß-, Grau- und Zitterpappel	*Venturia macularis*	Blattflecken, Laubfall, auch Triebsterben	Überwinterung an Zweigen
Weide	*Venturia saliciperda*	Blattflecken, Trieb- und Rindeninfektionen	Überwinterung an Zweigen
Feuerdorn	*Spilocaea pyracanthae*	Blattflecken, Blattdeformationen, Triebinfektion, Fruchtinfektionen mit nachfolgender sekundärer Fäule	starke Laubverluste
Olive	*Spilocaea oleaginea*	Blattflecken und Laubfall	starke Laubverluste

zierte Gewebe und wird braun. Befallenes Blattgewebe wächst nicht mehr, die Nachbarzellen zu den infizierten Gewebebereichen teilen sich jedoch normal weiter. Durch dieses unterschiedlich starke Wachstum eng benachbarter Gewebebereiche entstehen oft beulenförmige Blattdeformationen.

Bei starkem Befall kommt es zu vorzeitigem Laubfall mit all seinen negativen Folgen wie schlechter Holzausreife, Wachstumsstockungen und mangelhaftem Blütenansatz für das Folgejahr. Bei manchen Wirtspflanzen werden auch einjährige Triebe befallen, an denen grindige Stellen entstehen. Andere Schorfpilze schädigen die Triebe zwar nicht erkennbar, der Pilz überwintert allerdings an den Trieben und kann im Folgejahr aus der Krone heraus rasch erneut infizieren. Bei Fruchtgehölzen hat der Befall der Früchte eine besonders große Bedeutung.

Die meisten Schorfpilze überwintern vor allem in den abgefallenen Blättern. In den darauf gebildeten Sporenlagern reifen Ascosporen heran, die schon zum Zeitpunkt des Austriebs ausgeschleudert werden und durch Aufwinde auf die jungen Blättchen gelangen. Wenn geeignete Temperatur- und Feuchteverhältnisse herrschen, keimen die Sporen auf den jungen Blättchen aus und der Pilz dringt in das Blattgewebe ein.

Die Sporenbildung ist bei hoher Luftfeuchte besonders stark, Blattnässedauer und Lufttemperatur beeinflussen die Wahrscheinlichkeit einer Infektion. Je höher die Durchschnittstemperaturen im Frühjahr sind, desto kürzere Blattnässe-Perioden reichen für eine erfolgreiche Infektion aus. So ist eine Infektion durch den Apfelschorf bei Durchschnittstemperaturen von 12 °C schon nach etwa elf Stunden Blattnässedauer möglich, bei niedrigeren Temperaturen um 5 °C müssen die Blätter mindestens 35 Stunden nass sein, damit der Erreger erfolgreich infizieren kann.

Der Pilz wächst zunächst unter der Oberhaut der Blätter. Etwa ein bis drei Wochen nach erfolgreicher Infektion erscheinen die ersten Symptome am Laub. Im Laufe der Vegetationsperiode werden auf den infizierten Blättern ständig asexuelle Konidiosporen produziert, die für Sekundärinfektionen innerhalb der Krone oder von Baum zu Baum verantwort-

Sortenwahl

■ Bei Neupflanzungen sollte man auf weniger anfällige Sorten achten. Zumindest beim Ertragsapfel, eingeschränkt auch beim Zierapfel und Feuerdorn, sind zahlreiche Sorten im Handel erhältlich, die kaum von Schorfpilzen befallen werden. Widerstandfähige Ertragsapfelsorten sind z.B. 'Discovery', 'Florina', 'Jakob Fischer' oder 'Reglindis'. Die Zierapfel-Sorten 'Adams', 'Professor Sprenger', 'Radiant', 'Red Sentinel' und 'Royalty' gelten ebenfalls als kaum schorfanfällig. Beim Feuerdorn empfehlen sich robuste Sorten wie 'Red Column', 'Navaho' oder 'Teton'. ■

lich sind. Bedingt durch die klimatischen Ansprüche des Schorfpilzes ist im Frühjahr meist ein starker Befall zu beobachten, im Laufe des Sommers sinkt dann das Infektionsrisiko aufgrund fehlender Blattnässe und steigt entsprechend im Herbst wieder an.

↗ Verschiedene Kulturmaßnahmen können die Infektionsgefahr durch den Schorfpilz deutlich reduzieren. Kann das Laub gefährdeter Pflanzen nach Niederschlägen oder Tau rasch abtrocknen, verkürzen sich die Blattnässeperioden und eine Infektion wird weniger wahrscheinlich. Gefährdete Gehölze sollte man daher nicht in eingeschlossenen Lagen pflanzen. Auch das Auslichten der Baumkronen fördert ein schnelles Abtrocknen des Laubs.

↗ Liegt im Frühjahr kein altes Falllaub mehr unter den Bäumen, ist die Hauptinfektionsquelle vieler Schorfpilz-Arten ausgeschaltet, zumindest wird sich der Befallsverlauf deutlich verlangsamen. Verzichtet man auf kupferhaltige Fungizide oder auf bestimmte Rasenherbizide, bleiben die Regenwürmer uneingeschränkt aktiv. In der Folge sind bis zum Frühjahr meist alle abgefallenen Blätter so weit in den Boden hineingezogen und abgebaut, dass von ihnen keine Infektionsgefahr mehr ausgeht. Auch Harnstoffspritzungen im Herbst können die Blattzersetzung fördern.

↗ Eine ausgeglichene Düngung verringert die Anfälligkeit des Blattgewebes, insbesondere muss man eine Überdüngung mit Stickstoff vermeiden. Manche Pflanzenstärkungsmittel wie Schachtelhalmbrühe können die Widerstandsfähigkeit gegenüber den Schorfpilzen erhöhen.

↗ Sind im Garten anfällige Apfelbäume vorhanden, kommen Fungizidspritzungen in Frage. Eine zielgerichtete Bekämpfung kann allerdings nur durchführen, wer die Biologie des Apfelschorfes kennt. Zumindest in den Obstanbau-Gebieten gibt es Schorfwarndienste, die den Reifezustand der Fruchtkörper im Falllaub, Beginn und Ende des Ascosporenfluges sowie die exakten Termine der Schorfinfektion ermitteln. Die Daten können meist über telefonische Auskunftgeber abgerufen werden.

↗ Ohne diese immer wieder verfeinerten Prognosemethoden kann man sich aber auch der bewährten Regel „10 Tage / 25 mm Niederschlag" bedienen. Danach wird bei Knospenaufbruch erstmals und dann im Abstand von zehn Tagen ein Fungizid eingesetzt. Wenn jedoch innerhalb eines Zehn-Tages-Zeitraums über 25 mm Niederschlag fallen, wird sofort eine Fungizidspritzung durchgeführt. Andererseits kann während trockener Witterungsperioden die planmäßige Behandlung nach zehn Tagen so lange aufgeschoben werden, bis wieder Niederschläge zu erwarten sind. Grundsätzlich wird zwischen verschiedenen Wirkstoffgruppen gewechselt, damit keine resistenten Schorfrassen ausgelesen werden.

Sternrußtau

In vielen Lagen ist der Sternrußtau (*Diplocarpon rosae*) die wichtigste und schädlichste Blatterkrankung an Rosen. Dieser Schadpilz findet vor allem bei feuchten Witterungsbedingungen optimale Entwicklungsmöglichkeiten, die höchsten Sporenkeimraten werden bei Temperaturen um 20 °C erreicht. Auf den Blattoberseiten der älteren Blätter erscheinen zunächst kleine dunkle Flecken. Diese entwickeln sich in der Regel zu schwarzen Stellen mit sternförmig ausgezogenem Rand. Das umgebende Blattgewebe verfärbt sich gelb, infiziertes Laub fällt rasch ab. Im Laufe der Vegetationsperiode sind ständig Neuinfektionen durch die auf den befallenen Blättern gebildeten Konidien möglich.

▲ **Der Sternrußtaupilz verunstaltet nicht nur das Laub der Rosen, infizierte Blätter fallen vorzeitig ab. Dadurch werden die Rosen oft zu Nottrieben angeregt, die im Herbst nicht mehr rechtzeitig ausreifen können.**

Bei entsprechend günstigen Infektionsbedingungen stehen anfällige Rosen oft schon im Juli nahezu kahl da. Die Pflanzen versuchen dann, die Blattverluste durch ständigen Nachtrieb zu ersetzen. Dadurch wachsen sie zu lange in den Herbst hinein, das Holz kann nicht ausreifen und Frostschäden sind die Folge. Der Pilz überwintert vor allem auf dem abgefallenen Laub, er kann aber auch an den Knospen und Trieben überdauern.

- Rosen benötigen einen zwar warmen, aber nicht stauheißen Standort. Er soll nicht zugig sein, eingeschlossene Lagen fördern aber Krankheiten ebenso wie flachgründige oder sehr leichte Böden. Eine bedarfsgerechte Düngung und gezielte Bewässerung verringern allgemein die Anfälligkeit der Pflanzen.

- Um den Infektionsdruck so gering wie möglich zu halten, sollten infizierte Blätter aus der Pflanzung entfernt werden.

- Bei Neupflanzungen wählt man besser Rosensorten, die besonders widerstandsfähig gegen Sternrußtau sind, wobei auch die Anfälligkeit gegenüber den anderen beiden wichtigen Rosenkrankheiten Echter Mehltau und Rosenrost eine Rolle spielt.

- Sternrußtau lässt sich durch regelmäßige Behandlungen mit Fungiziden bekämpfen. Über den Bekämpfungserfolg entscheiden ein frühzeitiger Beginn und regelmäßig wiederholte Spritzungen. Verschiedene Wirkstoffe werden im Wechsel eingesetzt. Geschieht das nicht, besteht die Gefahr, dass resistente Pilzrassen selektiert werden, zumal die Spritzungen in relativ kurzen Zeitabständen durchzuführen sind. Resistente Rassen könnten sich umso stärker ausbreiten, so dass die betreffenden Wirkstoffe bald keine Wirkung mehr zeigen.

Weitere Blattflecken- und Nadelpilze

Eine sehr große Anzahl von Schadpilzen ruft meist braune Flecken auf den Blättern oder den Nadeln ihrer Wirtspflanzen hervor. Viele dieser Blattflecken- oder Nadelpilze sind eher als Schwächeparasiten anzusehen. Treten sie verstärkt auf, sollte man zunächst die Wachstumsbedingungen der betroffenen Pflanzen verbessern. Ein Befall durch Blattfleckenpilze reduziert in gewissem Ausmaß die Assimilationsfläche der Wirtspflanzen. Solange aber bei sommergrünen Gehölzen, Stauden oder einjährigen Sommerblumen die erkrankten Blätter fast bis zum natürlichen Laubfall an den Pflanzen haften bleiben, handelt es sich vor allem um einen optischen Schaden.

Mit einer nachhaltigen Beeinträchtigung des Pflanzenwachstums ist in der Regel dann zu rechnen, wenn auch die Blattstiele infiziert werden. Die Blätter vergilben dann schnell und fallen vorzeitig ab. Auf vorzeitigen Laubfall reagiert die Pflanze mit einem erneuten Austrieb, die Triebe reifen häufig nicht mehr ausreichend aus und Folgeschäden durch eine verringerte Frosthärte der Gehölze sind vorprogrammiert. Störender sind die Infektionen naturgemäß bei immergrünen Gehölzen. Sie haben nicht die Möglichkeit, über den Laub- oder Nadelfall zu gesunden.

Wurden die Blattflecken durch Pilzinfektionen verursacht, ist das abgestorbene Gewebe meist trocken braun oder grau. Die Flecken sind häufig mehr oder weniger kreisrund. Manche Pilzarten verursachen aber auch durch Blattadern begrenzte eckige Blattflecken.

Oft zeigt das abgestorbene Gewebe eine deutliche Zonierung. Diese entsteht, weil der Schadpilz im Gewebe nicht gleichmäßig wächst, sondern immer wieder von der Pflanze gebildete Trennschichten überwinden muss. Manchmal gelingt es den Wirtspflanzen, den Erreger zu isolieren, dann tritt der „Schrotschusseffekt" auf: Das abgestorbene Gewebe fällt später aus der Blattspreite aus und es bleiben Löcher im Blatt zurück. Besonders häufig ist dieser Schrotschusseffekt bei *Prunus*-Arten wie Süß-, Sauer-, Zier- oder Lorbeerkirschen zu beobachten.

Blattfleckenpilze verursachen in der Regel einen lokal begrenzten Befall, sie breiten sich nach der Infektion nicht großräumig im Blattgewebe aus. Weitere Flecken entstehen durch erneute Infektionen von außen, verursacht von auskeimenden Sporen auf der Blattoberfläche. Wie groß der abgestorbene Gewebebereich schließlich wird, hängt einerseits von der Pathogenität des Erregers, andererseits von den Umweltbedingungen und nicht zuletzt von der Widerstandskraft der Wirtspflanze ab. Innerhalb der Krone breiten sich Blattflecken- und Nadelpilze durch Sekundärinfektionen aus. Diese rühren von Sporen her, die an den Erstinfektionsstellen massenhaft gebildet werden. Daher findet man zumindest zu Beginn der Ausbreitung relativ eng begrenzte Befallsherde in der Krone oder im Beet, ein sofortiger gleichmäßiger Befall ist äußerst selten. Wird zu diesem frühen Zeitpunkt nicht regulierend eingegriffen, kann sich der Erreger explosionsartig über die ganze Pflanze oder sogar einen ganzen Bestand gleichartiger Pflanzen ausbreiten.

Die meisten Blattflecken- und Nadelpilze vermehren sich vor allem in feuchten Jahren mit ausreichend langen Blattnässeperioden sehr stark. Neben dem Witterungsverlauf spielen die kleinklimatischen Verhältnisse eine große Rolle: Eingeschlossene Lagen, dichte Bestände und dichte Kronen begünstigen solche Erreger. Daneben werden vorgeschädigte oder frisch gepflanzte Gewächse im Anwachsstress besonders schnell von Blattflecken- oder Nadelpilzen befallen.

Die Biologie der Blattfleckenerreger oder Nadelpilze unterscheidet sich entsprechend ihrer Zugehö-

◄ Alle Gartenpflanzen können von Blattfleckenpilzen befallen werden. Diese beeinträchtigen den Zierwert der Pflanzen, manchmal fallen die Blätter vorzeitig ab. Darauf entwickeln sich Pilzfruchtkörper.

▼ Ein Befall mit Nadelpilzen führt meist zu baldigem Nadelfall. Da oft nur ein bestimmtes Nadelalter infiziert wird, kann man anhand der kahlen Triebabschnitte das Befallsjahr nachvollziehen.

Auswahl häufiger Blattflecken- und Nadelpilze

Wirtspflanze	Pilzart	Schaden
Palmen	*Graphiola phoenicis*	Blattflecken, harte Fruchtlager, Blätter sterben ab
Dahlie	*Entyloma dahliae*	zunächst gelbe, später graubraune Flecken, Laub nekrotisiert, Triebbefall
Hortensie	*Phoma exigua*	bläulich rote Blattflecken, später braun
Rosskastanie	*Guignardia aesculi*	braune, von gelbem Hof umgebene Blattflecken, Blatteinrollungen, vorzeitiger Laubfall
Ahorn	*Rhytisma acerinum*	schwarze, von gelbem Hof umgebene Blattflecken
Weißdorn	*Entomosporium mespili*	zuerst rötliche, dann dunkelbraune Blattflecken, vorzeitiger Laubfall
Efeu	*Phoma hedericola*	runde, braungraue, gezonte Flecken
Douglasie	*Rhabdocline pseudotsugae*	hellgrüne, später orangerote Nadelfleckung, Nadelfall
Kiefer	*Lophodermium seditiosum*	kleine gelbe, später braune Flecken, Nadelfall

rigkeit zu zahlreichen verschiedenen Pilzordnungen stark voneinander. Manche Arten bilden im Blatt- oder Nadelgewebe eingesenkte Fruchtlager aus, in denen massenhaft Konidiosporen entstehen. Oft sind diese Fruchtlager von Epidermisschichten bedeckt, die später aufreißen. Bei anderen Arten entwickelt sich lediglich ein Mycelrasen, aus dem Konidienträger sprossen. Anhand der Symptome können die Erreger meist nicht sicher bestimmt werden, obwohl manche Arten zum Beispiel charakteristische Fleckenformen oder -farben verursachen. Eine sichere Bestimmung ist in der Regel nur mit Hilfe des Mikroskops anhand der gebildeten Sporen möglich. Die Blattfleckenpilze der laubabwerfenden Gehölze überdauern die vegetationslose Zeit vor allem auf dem abgefallenen Laub. Dort bilden sich im Frühjahr Sporen, die durch Wasserspritzer oder Wind auf die jungen Blätter gelangen.

- Eine direkte Bekämpfung durch Einsatz von Fungiziden ist möglich, Spritzungen müssen aber vorbeugend und wiederholt durchgeführt werden. In den Gärten sind Spritzungen allerdings kaum notwendig.

- Entfernt man konsequent das Falllaub und führt einen Auslichtungsschnitt durch, verschlechtern sich die Infektionsbedingungen. Bei immergrünen Gehölzen kann man befallene Blätter schon beim Auftreten der ersten Infektionsflecken gezielt entfernen, um eine weitere Ausbreitung der Krankheit zu verhindern. Notfalls ist ein radikaler Rückschnitt anzuraten, wenn zum Beispiel ein alter Efeubestand schon sehr stark befallen ist. ■

Blattflecken durch Schadtiere

■ Blattflecken an Gartenpflanzen entstehen auch durch Schädlinge, die sich im Blattgewebe entwickeln. Ihre Fraßtätigeit führt zu mehr oder weniger großen, zusammenhängenden Blattverfärbungen. Schäden durch minierende Insektenlarven lassen sich relativ einfach auf den Verursacher zurückführen: im Blattgewebe ent-

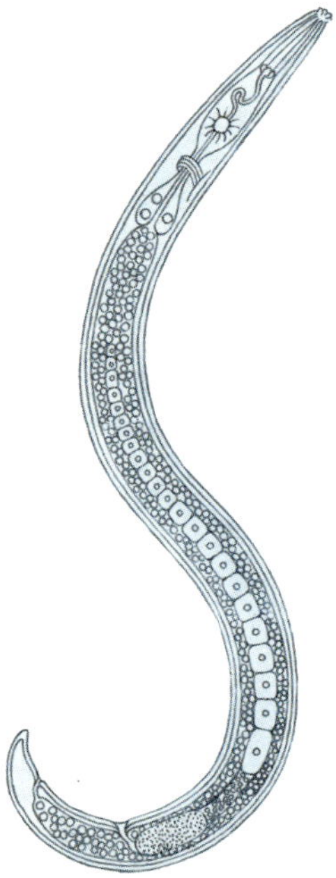

▲ Nematoden oder Fadenwürmer sind kleine, mit bloßem Auge nicht sichtbare, wurmförmige Tiere, die sich in feuchten Lebensräumen aufhalten. Im Boden kommen viele Nematoden-Arten vor, die eine wichtige Rolle bei der Umsetzung organischen Materials spielen. Andere Nematoden werden als Nützlinge eingesetzt, um im Boden lebende Insektenlarven biologisch zu bekämpfen.

steht ein Hohlraum, in dem häufig noch der Schädling zu finden ist. Betrachtet man die besiedelten Blätter gegen eine starke Lichtquelle, lassen sich solche Minen gut von Pilzerkrankungen unterscheiden. In Zweifelsfällen kann man die Oberhaut des Blattes mit einer spitzigen Pinzette vorsichtig abheben. Manchmal werden solche Flecken auch durch Nematoden verursacht, die im Blattgewebe leben. Nur in Einzelfällen verursachen saugende Insekten fleckige Blattverfärbungen.

Nematoden

Als Pflanzenschädlinge auffällig werden meist **Blattälchen**, die in den Blättern leben und dort Gewebeschäden verursachen. Außerdem gibt es pflanzenschädigende **Wurzel-Nematoden**, die an oder in Wurzeln leben und zu Wachstumsminderungen führen. Im Garten wird ein solcher Besatz meist nicht bemerkt, weil unmittelbare Vergleichspflanzen fehlen. An einzelnen Zierpflanzen wie Stauden-Phlox können **Stängelälchen** zu auffälligen Schadsymptomen mit deformierten Blättern und Stängeln führen.

Im Garten besiedeln Blattälchen vor allem Stauden, einjährige Sommerblumen oder selten auch Gemüse-Arten. Charakteristisch sind dann von den Blattadern begrenzte gelbe, braune und später schwarz verfärbende Blattflecken. Abhängig von der Aderung der Blätter führt ein Nematodenbesatz zu mehreckigen, scharf begrenzten Schadstellen bei zweikeimblättrigen Pflanzenarten, bei einkeimblättrigen oder anderen parallelnervigen Arten entstehen dagegen streifenförmige Verfärbungen. Betroffene Blätter sterben meist rasch ab.

Bei ausreichender Feuchtigkeit können sich die Nematoden im Wasserfilm auf den Blattoberflächen fortbewegen und so weitere Blätter besiedeln. Während längerer Trockenphasen oder im Winter wandern die Nematoden in die oberste Bodenschicht ab. Dort überleben sie als widerstandsfähige Dauerstadien auch ohne Wirtspflanze. Häufig werden Korbblütler wie Astern, Rudbeckien oder Chrysanthemen besiedelt, manchmal treten Schäden durch Blattnematoden an Farnen, Primeln oder Pfingstrosen auf.

↗ Besiedelte Blätter sollten abgepflückt und über den Hausmüll entsorgt werden. Sie dürfen nicht auf den häuslichen Kompost gelangen, da die Nematoden hier Dauerstadien entwickeln und später mit dem reifen Kompost im ganzen Garten verbreitet werden.

↗ Eine direkte Bekämpfung von Nematoden ist im Hausgarten nicht möglich.

Eichenzwerglaus

Die meisten saugenden Insekten verursachen eine allgemeine Schwächung der besiedelten Pflanzen oder kleine, gleichmäßig über das Blatt verteilte Gewebe-Aufhellungen, die in der Summe als mehr oder weniger flächige Blattverfärbung erscheinen. Eine Ausnahme macht die Eichenzwerglaus (*Phylloxera glabra*): Sie saugt an den Blattunterseiten, dadurch entstehen kleine gelbe bis braune Flecken auf den Blattoberseiten von Eichen. Die kaum 1 mm langen, schildförmigen Zwergläuse sind hellbraun gefärbt und sitzen auf den Blattunterseiten. Dort sind mit Hilfe einer Lupe die nur 0,2 mm großen Eier zu finden, die von den Weibchen kreisförmig um die Einstichstelle abgelegt werden. Im Laufe eines Jahres können sich mehrere Generationen entwickeln. Die letzte Generation legt im Herbst widerstandsfähige Eier in Rindenritzen oder ähnliche geschützte Stellen ab.

↗ Eine Bekämpfung der Eichenzwerglaus ist nur an Jungbäumen erforderlich, damit die Wüchsigkeit nicht leidet. Dafür eignen sich Präparate, die gegen saugende Insekten ausgewiesen sind.

Verräterische Fraßbilder

Wenn Insektenlarven nur einige Zellschichten eines Blattes fressen, entstehen mehr oder weniger ausgedehnte vertrocknende Blattzonen. Dies trifft vor allem auf junge Blattwespen- und Blattkäferlarven zu, die häufig auf den Blattunterseiten fressen. Wenn beim Fraß noch Reste des Palisadengewebes übrig bleiben, verfärben sich die betroffenen Blattbereiche braun. Oft bleibt nur die obere Epidermis übrig, sie ist dann als halbtransparentes Häutchen in der Blattspreite zu erkennen. Größere Larvenstadien fressen dann manchmal das ganze Blattgewebe, so dass Lochfraß entsteht. Manche Insektenlarven bohren sich in das Blattgewebe ihrer Wirtspflanzen ein und fressen dort gut geschützt vor ihren Fressfeinden. Maßnahmen können sich meist auf das Abpflücken und Vernichten der besiedelten Blätter beschränken.

Minierfliegen

Die Larven von Minierfliegen (*Agromyzidae*) verursachen an vielen Stauden, aber auch an Unkräutern schlangenförmige helle Verfärbungen in der Blattspreite. Die Fraßgänge beginnen meist haarfein, um sich allmählich zu verbreitern. Manche Minierfliegenlarven legen zumindest gegen Ende ihrer meist sehr kurzen Entwicklungsdauer breite, flächige Platzminen an. Die meisten Arten entwickeln mehrere Generationen im Jahr, so dass vor allem im Hochsommer mit stärkeren Schäden zu rechnen ist.

Die erwachsenen Fliegen sind zart und meist nur 1 bis 5 mm lang, sie sind nur selten an den Pflanzen zu finden. Die Larven sind beinlos und häufig weiß bis gelb gefärbt. Sie verpuppen sich oft noch in der Mine oder fertigen ihre Puppenwiege unmittelbar am Ausbohrloch an; manche Arten verpuppen sich auch im Boden. Neben den Schäden durch die Larven verursachen manche erwachsenen Minierfliegen winzige helle Flecke auf den Blattoberseiten. Diese entstehen dadurch, dass die Weibchen ihren Legebohrer zum Anstechen des Gewebes nutzen und anschließend den austretenden Pflanzensaft auflecken.

Viele Minierfliegen-Arten schädigen die Pflanzen kaum, die Blattflecken beeinträchtigen nur das Erscheinungsbild der Pflanzen. Besiedelte Blätter sterben selten ab, die Assimilationsleistung ist trotz der Fraßstellen durch die Minierfliegenlarven noch ausreichend groß. Größere Schäden werden an den als Kübelpflanzen verwendeten Strauchmargeriten verursacht.

▶ **Minierfliegenlarven fressen im Blattgewebe und verursachen schmale Minen. Die meisten Pflanzen leiden kaum unter einem Besatz.**

↗ Stören die Fraßstellen doch zu sehr, sollte man besiedelte Blätter abpflücken, bevor sich die Larven verpuppen.

↗ An Zierpflanzen in Gewächshäusern kommen einige Minierfliegen-Arten vor, die im Erwerbsanbau konsequent bekämpft werden müssen. Treten diese *Liriomyza*-Arten im Wintergarten auf, können Schlupfwespen eingesetzt werden, wenn man ihre speziellen Klimaansprüche berücksichtigt.

Die **Ilexminierfliege** (*Phytomyza ilicis*) führt manchmal zu stö-

▼ **Starker Besatz durch die Buchsbaumgallmücke hat sich meist über viele Jahre langsam aufgebaut. Entfernt man die Oberhaut des Blattes, findet man manchmal mehrere Larven oder Puppen in einer Mine.**

▶ **Die Schäden durch die Larven der Ilexminierfliege summieren sich über die Jahre, bis manche Stechpalmen fast kein gesundes Blatt mehr besitzen.**

renden Blattschäden an Stechpalmen. Die etwa 3 mm lange, einer kleinen Stubenfliege ähnliche Ilexminierfliege erscheint etwa im Mai. Die Eier werden auf den Unterseiten junger Blätter abgelegt, die Larven bohren sich nahe der Mittelrippe in das Blattgewebe ein und fressen dort bis zum Herbst. Später dringen die Larven in die Blattspreite ein und es entstehen die zunächst schmalen Minen, die später zu Platzminen erweitert werden. Auf den Blattoberseiten sind diese Minen als helle, später dunkler werdende Verfärbungen zu erkennen. Auch bei milder Winterwitterung fressen die Larven weiter, im Frühjahr verpuppen sie sich im Blatt. Die Puppenhülle wird etwas aus dem Blatt heraus geschoben und bleibt dort noch lange sichtbar.

↗ Besiedelte Blätter sollten umgehend entfernt werden, um einen starken Populationsaufbau zu vermeiden.

↗ Insektizide kann man höchstens kurz nach der Flugzeit der Fliegen einsetzen.

Gallmücken

Die meisten Gallmücken (*Itonididae*) verursachen auffällige Gewebewucherungen oder Blattverformungen, manche Arten sind für auffällige Blattflecken verantwortlich. An Buchsbaum entwickelt sich die **Buchsbaumgallmücke** (*Monarthropalpus buxi*), deren Larven in den Blättern fressen und fleckige, gelbe bis hellbraune oder orange Verfärbungen auf den Blattoberseiten verursachen. Auf den Blattunterseiten entwickeln sich leichte Gewebeverdickungen. Stark besiedelte Blätter fallen vorzeitig ab.

Die zarten, nur etwa 3 mm langen, orangegelben Mücken erscheinen kurz nach dem Austrieb des Buchsbaums. Die erwachsenen Tiere leben nur wenige Tage und sind manchmal in großen Schwärmen an ihren Wirtspflanzen zu finden. Die Weibchen stechen die jungen Blätter von der Unterseite her mit Hilfe ihres Legebohrers an und legen je Einstichstelle ein Ei ab, oft werden mehrere Eier je Blatt abgelegt. Nach etwa drei Wochen schlüpfen die zunächst weißlichen Larven und beginnen im Blattgewebe zu minieren. Sind mehrere Einstichstellen an einem Blatt vorhanden, vereinigen die Larven meist ihre Platzminen, manchmal ist das Gewebe der gesamten Blattspreite betroffen. Die orangefarbenen, inzwischen etwa 2,5 mm langen Larven überwintern in den Gallen, wo sie sich im Frühjahr verpuppen. Nach dem Schlupf der erwachsenen Mücken sind auf den Blattunterseiten die Puppenhüllen zu finden, die aus einem Loch in der Epidermis heraushängen.

- Meisen und andere Singvögel erbeuten gern die Larven. Sie zerfetzen dabei die besiedelten Blätter und vergrößern so den optischen Schaden noch. Besiedelte Blätter werden besser vor dem Schlupf der Fliegen gewissenhaft abgepflückt und vernichtet.

- Eine direkte Bekämpfung müsste während des Mückenfluges erfolgen, systemische Insektizide zeigen auch etwas später noch Wirkung.

Miniermotten

Die Raupen der meisten Schmetterlingsarten fressen frei sitzend auf ihren Wirtspflanzen, manche Raupen bohren sich aber in das Pflanzengewebe ein und entwickeln sich geschützt im Inneren der Blätter. Die Miniermottenlarven verursachen dort artabhängig geformte Fraßgänge, die meistens auf der Blattoberseite, bei manchen Arten auch auf der Blattunterseite als braune oder helle Verfärbung zu erkennen sind. Die meist flächigen Minen erfassen bei kleinblättrigen Wirtspflanzen manchmal die gesamte Blattspreite. Andere Arten zeichnen sich durch nur wenige Millimeter breite Gangminen im Blattgewebe aus. Einige Arten verbringen nicht ihre gesamte Larvenentwicklung innerhalb des Blattgewebes, sondern fressen später in zusammengerollten Blättern.

Da es bei den heimischen Miniermotten-Arten nur selten zu Massenvermehrungen kommt, können die besiedelten Pflanzen den Besatz fast immer gut tolerieren.

Einige eingeschleppte Miniermotten-Arten verringern jedoch nicht nur den Zierwert der Pflanzen, sondern können nachhaltige Schäden an den Pflanzen verursachen – insbesondere wenn mehrere Massenvermehrungen aufeinander folgen.

Die **Obstbaum- oder Schlangenminiermotte** (*Lyonetia clerkella*) entwickelt sich nicht nur an Apfel- oder Kirschbäumen, sie besiedelt auch zahlreiche weitere Laubbäume und bevorzugt dabei Rosengewächse. Die etwa 8 mm große, grünlich weiße Larve verursacht eine lange, anfangs ganz schmale Gangmine, die später in eine etwas breitere Kammer mündet. Normalerweise leiden die besiedelten Pflanzen kaum unter dem Minierfraß. Manchmal kann die Mine allerdings einen Teil des Blattes von der Versorgung abschneiden, so dass der betroffene Blattteil abstirbt und sich dabei oft auffällig orange verfärbt. Werden Lorbeerkirschen (*Prunus laurocerasus*) besiedelt, platzt das Blattgewebe meist entlang der Mine auf und das befressene Blattgewebe fällt später aus der Blattspreite aus.

Die Miniermotten der überwinterten Generation fliegen etwa im April und legen ihre Eier auf den Unterseiten der Blätter ab. Das Räupchen bohrt sich von unten in das Blattgewebe ein und frisst dort eine Gangmine. Die ausgewachsenen Raupen verlassen die

▼ Die schmalen Fraßgänge der Larven der Obstbaumminiermotte findet man oft an Apfel- oder Kirschblättern. Die besiedelten Blätter bleiben aber fast immer bis zum Herbst erhalten, die Bäume leiden deshalb nicht unter einem Besatz.

▲ **Entfernt man bei einem besiedelten Blatt die trockene Oberhaut der Mine, findet man oft Larven oder Puppen.**

Blätter und verpuppen sich am Laub oder an den Zweigen. Dazu spinnen sie filigrane Puppenkokons, die sie mit Befestigungsfäden an Blätter oder Zweige heften. Abhängig vom Witterungsverlauf entwickeln sich bis zu drei Generationen im Jahr.

↗ Zur Bekämpfung der Obstbaumminiermotte genügt im Haus- und Kleingarten das Abpflücken und Vernichten besiedelter Blätter.

Erst in den letzten Jahren ist die **Rosskastanien-Miniermotte** (*Cameraria ohridella*) nach Deutschland zugewandert. Die Larven fressen in den Blättern von Rosskastanien (*Aesculus hippocastanum*), die Art *Aesculus × carnea* wird deutlich weniger besiedelt. Die etwa 5 mm langen, etwas abgeflachten Larven verursachen auffällige, braune, auf den Blattoberseiten oft zonierte Minen in den Blättern, die sich bei starkem Besatz einrollen und vorzeitig abfallen. Da die zarten, nur etwa 5 mm langen Motten recht träge sind, beschränken sich die Schäden der ersten Generation auf den untersten Kronenbereich. Die Raupen verpuppen sich in einem Kokon in den Blättern. Je nach Witterungsverlauf entwickeln sich bis zu vier Generationen im Jahr. Die Puppen der letzten Generation überwintern im abgefallenen Laub.

↗ Das sofortige und konsequente Entfernen des Falllaubs kann die Populationsentwicklung im Folgejahr deutlich hemmen. Eine direkte Bekämpfung mit Insektiziden scheitert meist an der Größe der Bäume. In Einzelfällen können systemisch wirkende Insektizide beim Auftreten der ersten Blattflecken

Weitere Miniermotten an Gartengehölzen

Wirtspflanze	Schädling	Schadbild	Maßnahmen
Azalee	Azaleenmotte (*Gracilaria azaleella*)	dunkle Platzminen, später Blätter an den Spitzen eingerollt	besiedelte Blätter entfernen
Flieder, Liguster, Esche	Fliedermotte (*Gracilaria syringella*)	Gangminen, später oft vereint zu Platzminen, ältere Raupen rollen Blätter von der Spitze her ein	besiedelte Blätter entfernen
Feuerdorn	Feuerdornminiermotte (*Phyllonorycter leucographella*)	blattoberseits helle Mine, oft die gesamte Blattfläche betroffen	besiedelte Blätter entfernen
Scheinakazie, Borstenakazie	Robinienminiermotte (*Phyllonorycter robiniella*)	blattoberseits helle, später braune Sprenkelung, blattunterseits silbrig weiße Platzmine, umfasst oft das ganze Fiederblatt	Falllaub rasch entfernen, da hier die Puppen überwintern
Platane	Platanenminiermotte (*Phyllonorycter platani*)	blattoberseits helle, unauffällige Sprenkelung, blattunterseits silbrig weiße Minen	Falllaub rasch entfernen, da hier die Puppen überwintern

▲ Die Minen der Feuerdorn-Miniermotte dehnen sich fast über die gesamte Blattspreite aus. Oft sind die Blätter nach oben zusammengefaltet.

▼ Bei den Springrüsslern schädigen alle Entwicklungsstadien: Die Käfer fressen runde Löcher in die Blätter, die Larven verursachen Gang- und Platzminen.

eingesetzt werden. Inzwischen sind Lockstofffallen im Handel erhältlich. Sie sind hilfreich, um die Populationsdichte zu bestimmen.

Springrüssler

Nur wenige Käferarten verursachen meist flächige Blattminen, in denen sich ihre Larven entwickeln. Die verschiedenen Springrüssler-Arten sind jeweils auf einzelne Wirtspflanzen-Gattungen spezialisiert. An Buchen frisst der Buchenspringrüssler (*Rhynchaenus fagi*), an Pappeln und Weiden *Rhynchaenus populi*, an Birke und Eiche die Art *Rhynchaenus rusci*. Die kleinen, meist nur 2 bis 3 mm langen Käfer überwintern und befressen im Frühjahr das Laub ihrer Wirtspflanzen. Besiedeltes Laub ist an kleinen Löchern in den Blattspreiten zu erkennen.

Aus den am Blatt abgelegten Eiern schlüpfen beinlose helle Larven, die zunächst Gangminen, sehr bald aber ausgedehnte Platzminen verursachen. Durch den Minierfraß werden die Blätter häufig deformiert. Die Larven verpuppen sich nach wenigen Wochen Fraßzeit innerhalb der Minen in einem Kokon, die Käfer der nächsten Generation erscheinen dann im Frühsommer.

↗ Das Schadbild durch Springrüssler ist im Haus- und Kleingarten manchmal zwar sehr auffällig, die Pflanzen leiden jedoch kaum unter dem Minierfraß. ■

Blattverfärbungen durch Gliederfüßer

■ Vor allem die kleineren unter den saugenden Schädlingen stechen einzelne Zellen an und saugen diese aus. Die Folge sind winzige silbrige bis braune Blattverfärbungen, die dicht an dicht auf der Blattspreite erkennbar sind. Solche punktförmigen Nekrosen erscheinen dann aus einiger Entfernung als großflächige, oft silbrige, gelbliche oder braune Blattverfärbungen. Das Schadsymptom kann die gesamte Blattfläche erfassen. Häufig beginnt der Schaden an der Blattbasis und entlang der Mittelrippe. Der Übergang zwischen geschädigtem und gesundem Gewebe verläuft meist fließend, der Schaden kann sich bald bis zum Blattrand ausdehnen.

Spinnmilben

Bei den Spinnmilben (*Tetranychidae*) handelt es sich um kleine, nur knapp 1 mm große Schädlinge. Meist sind sie auf den Blattunterseiten ihrer Wirtspflanzen zu finden. Bei einem starken Besatz werden auch die weichen Triebe besiedelt, die wie die Blätter als Folge der massiven Saugtätigkeit der Schädlinge vertrocknen können. Spinnmilben an Nadelgehölzen sitzen oft an den Trieben und Zweigen und besaugen vor allem die Nadelbasen.

Manche Spinnmilben-Arten produzieren nur sehr wenige Spinnfäden, andere Arten spinnen bei Massenvermehrungen zarte Triebspitzen und junge Blättchen deutlich sichtbar ein. Die Gespinste dienen vor allem dem Schutz vor Feinden und zur Regulierung des Mikroklimas. Manche Arten produzieren extrem dichte Gespinste, unter denen die Schädlinge auch mit Pflanzenschutzmitteln kaum zu erfassen sind.

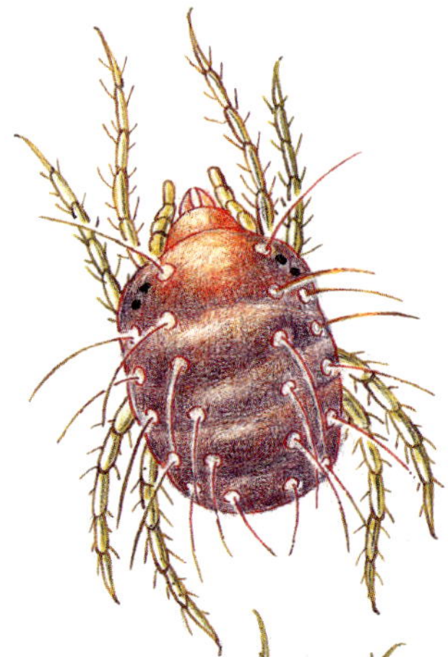

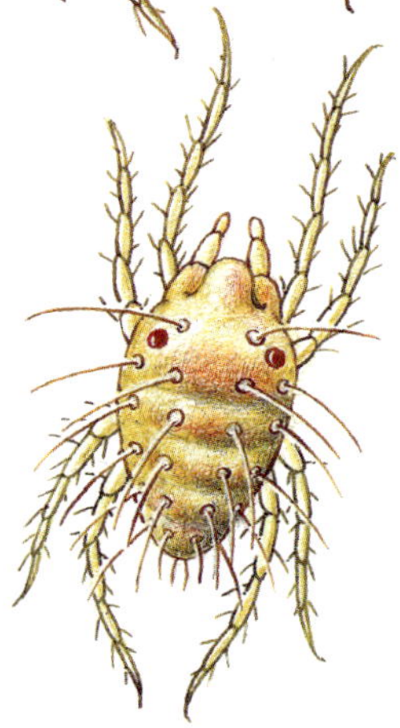

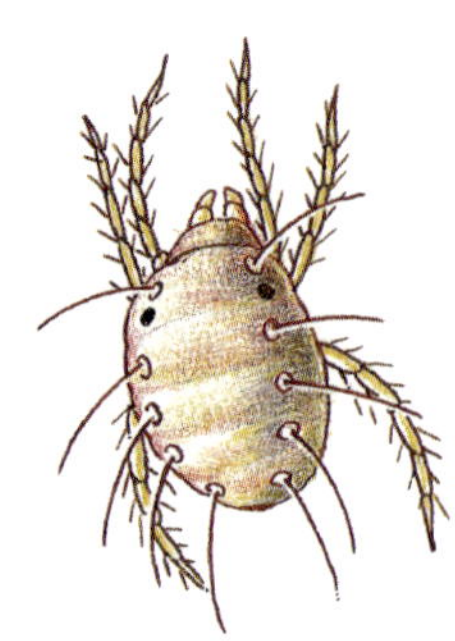

▶ **Spinnmilben legen Eier, die auf den Blattunterseiten befestigt werden. Aus den kugeligen, glasig durchscheinenden und nur etwas mehr als 0,1 mm großen Eiern schlüpfen sechsbeinige, meist weißlich bis gelblich durchscheinende Larven. Nach mehreren Häutungen entwickeln sich die achtbeinigen erwachsenen Tiere, die artabhängig dunkler, manchmal sogar rot gefärbt sind.**

Bei optimalen Bedingungen mit niedriger Luftfeuchte und hohen Temperaturen dauert bei manchen Arten die Entwicklung von der Eiablage bis zum erwachsenen Tier lediglich etwa eine Woche. Dadurch ist sehr rasch mit einer Massenvermehrung zu rechnen.

↗ Ein Überbesatz mit Spinnmilben ist zu erwarten, wenn die Pflanzen unter ungünstigen Bedingungen wachsen. Spinnmilben treten vor allem an trockenheitsgeschädigten Pflanzen auf, Überdüngung mit Stickstoff begünstigt eine Besiedlung.

↗ Dicht besiedelte Blätter mit erkennbaren Saugschäden oder Triebspitzen mit Gespinsten sollten unbedingt sofort ausgeschnitten werden.

◀ **Spinnmilben sind wegen ihrer geringen Größe nicht auf Anhieb an den Pflanzen zu entdecken. Flächige Blattvertrocknungen sollten Anlass sein, die Blattunterseiten mit einer Lupe genauer zu untersuchen.**

- Anschließend können Insektizide mit einer Wirkung gegen Milben oder Akarizide eingesetzt werden. Bekämpfen lassen sich nur bestimmte Entwicklungsstadien, die Eier werden von üblichen Präparaten, die im Haus- und Kleingarten zur Verfügung stehen, nicht erreicht. Spritzungen müssen daher in sehr kurzen Abständen von etwa drei Tagen erfolgen.

- In Gewächshäusern oder Wintergärten kann man Raubmilben oder Florfliegenlarven aussetzen, die sich von den Spinnmilben ernähren.

Freilebende Gallmilben

Manche Gallmilben-Arten (*Eriophyoidea*) verursachen nicht die namensgebenden Gewebe-Neubildungen an den Pflanzen, sondern leben frei auf den Blättern oder Nadeln ihrer Wirtspflanzen. Sie besaugen einzelne Zellen, die absterben. Dadurch entstehen punktförmige Nekrosen, die aufgrund der Vielzahl von Individuen meist über das ganze Blatt oder die ganze Nadel verteilt sind. Saugschäden durch freilebende Gallmilben ähneln einem Spinnmilbenschaden, allerdings sind mit bloßem Auge keine Schädlinge auf den Blattunterseiten zu entdecken. Eine Ausnahme ist die Yucca-Gallmilbe (*Cecidophyopsis hendersonii*), die an den Blättern von Palmlilien (*Yucca elephantipes*) saugt. Meist tritt sie in so großer Zahl auf den Blattoberseiten auf, dass die Milbenkolonien wie ein mehliger Belag auf den Blättern aussehen. Gallmilben, die keine Blattverformungen oder Gallbildungen auslösen, kommen

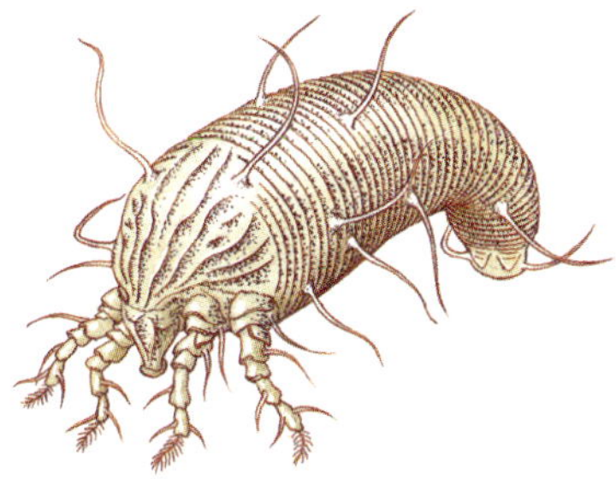

▲ **Die spindelförmigen, meist hell gefärbten Gallmilben sind nur etwa 0,2 mm lang und haben vier Beine.**

vor allem an Flieder, Nordmann-Tannen und verschiedenen Obstgehölzen vor.

Im Laufe eines Jahres können sich viele Generationen entwickeln, die Gallmilben vermehren sich durch Eiablage. Die Milben überwintern meist unter den Knospenschuppen ihrer Wirtspflanzen oder überdauern an anderen geschützten Stellen an der Pflanze.

- Wer freilebende Gallmilben mit Akariziden bekämpfen will, muss den richtigen Zeitpunkt dafür abpassen. Sind die Milben schon in ihre geschützten Überwinterungsquartiere eingewandert, sind Spritzungen nicht mehr sinnvoll.

▶ **Frei auf den Blattunterseiten lebende Gallmilben verursachen an Flieder oft silbrige Blattverfärbungen. Die sehr kleinen Milben wandern schon früh in die Knospen ein, dann sind sie auch bei genauer Untersuchung nicht mehr am Laub zu finden.**

- Außer manchen Insektiziden zeigen die fungiziden Netzschwefelpräparate eine recht gute Nebenwirkung gegen Gallmilben.

- Bei extrem starkem Besatz kann man die Schädlingspopulation durch Entspitzen der Triebe dezimieren.

Thripse (Fransenflügler)

Vor allem an Zierpflanzen im Zimmer, aber auch an Kübelpflanzen und manchen Gemüse-Arten kommen diese Schadinsekten vor. Sie sitzen an den Blattunterseiten und saugen meist einzelne Zellen aus, so dass ein ähnliches Schadbild wie durch Spinnmilben entsteht. Zur Unterscheidung dienen die kleinen, dunklen Kottröpfchen der Thripse (*Thysanoptera*). Neben den Blattschäden verursachen manche Thrips-Arten große Schäden an Blüten, die dann zerzaust und mit verkrüppelten Blütenblättern wachsen. Thripse legen Eier, aus

▲ **Die stäbchenförmigen, nur 1 bis 2 mm langen Thripse schädigen häufig an Zimmerpflanzen. Der deutsche Name „Fransenflügler" wurde von den Borsten an den Flügeln der erwachsenen Tiere abgeleitet.**

▼ **Thripse saugen wie viele andere kleine Gliederfüßer einzelne Zellen aus, die sich dann hell verfärben. Zusätzlich zu den Saugschäden findet man auffällige, schwarz glänzende Kottröpfchen.**

denen flügellose Larven schlüpfen. Diese ähneln schon den erwachsenen Tieren. Sie besaugen auf den Blattunterseiten einzelne Pflanzenzellen und entwickeln sich über mehrere Stadien zum Vollinsekt. Bei manchen Thrips-Arten wandern die letzten Larvenstadien dazu in den Boden ab.

↗ Thripse können mit blauen Leimtafeln gefangen werden. Die Tafeln dienen vor allem zur Diagnose eines Thripsbesatzes.

↗ Thripse lassen sich im Kleingewächshaus oder Wintergarten durch den Einsatz von Nützlingen wie Florfliegenlarven oder Raubmilben bekämpfen.

↗ Bei einem starken Besatz sind Spritzungen mit Insektiziden gegen saugende Insekten möglich.

Zikaden

Gartenpflanzen werden vor allem durch **Zwergzikaden** (*Cicadellidae*) geschädigt, die durch ihre Saugtätigkeit an den Blattunterseiten ihrer Wirtspflanzen zu feinen Blattsprenkelungen führen. Bei einem starken Besatz vertrocknen die Blätter. Die meisten bei uns vorkommenden Arten sind zwischen 2 und 4 mm lang; sie haben die zikadentypische Gestalt mit annähernd dreieckigem Kopf und schlankem, nach hinten spitz zulaufendem Körper. Sie sind oft gelb bis hellgrün gefärbt, bei manchen Arten sind die Flügeldecken deutlich gezeichnet. Die Zikaden bewegen sich durch einen Sprungflug und segeln dann zur nächsten Wirtspflanze weiter. Die Larven sind ähnlich gestaltet, haben aber keine Flügel.

↗ Die meisten Zwergzikaden an Gartenpflanzen sind zu tolerieren. Nur selten kommt es zu deutlichen optischen Beeinträchtigungen oder Wachstumsminderungen, so dass ein Einsatz von Insektiziden gegen saugende Insekten gerechtfertigt wäre.

Im Garten werden manchmal die **Schaumzikaden** (*Cercopidae*) besonders auffällig. Sie sind für jene Schaumtropfen an Pflanzen verantwortlich, die man als „Kuckucksspeichel" bezeichnet. Die Larven der Schaumzikaden produ-

▲ **Die feinen Blattsprenkelungen wurden von Zwergzikaden verursacht. Die vor allem bei hohen Temperaturen sehr aktiven Insekten schädigen die Pflanzen nicht nachhaltig.**

zieren ein Sekret, das mit Luftblasen durchsetzt wird und als schützende Schaumschicht über den Larven liegt.

Junge erwachsene Schaumzikaden saugen an den Trieben und verursachen dort merkliche Schäden, vor allem beeinträchtigen aber die manchmal massenhaft auftretenden Schaumtropfen den Zierwert der Pflanzen.

↗ Nur wenn tatsächlich das Wachstum gehemmt wird, kann man Schaumzikaden mit Insektiziden bekämpfen, bevorzugt mit systemisch wirkenden Präparaten.

Netzwanzen

Bei den Netzwanzen (*Tingidae*) handelt es sich um recht interessant gestaltete Insekten. In den Gärten ist manchmal die **Rhododendron-Netzwanze** (*Stephanitis rhododendri*) zu finden. An Platanen im Straßenraum verursacht die **Platanen-Netzwanze** (*Corythuca ciliata*) vor allem in sehr warmen Jahren umfangreiche Blattschäden. Durch die netzartig gezeichneten weißen Flügeldecken erscheinen die erwachsenen, etwa 3 bis 4 mm langen Tiere hell. Die Netzwanzen legen Eier ab, aus denen die dunkler gefärbten Larven mit auffälliger Beborstung an den Körperrändern schlüpfen.

Bei beiden Arten sind auf den Blattunterseiten neben verschiedenen Entwicklungsstadien sehr viele dunkle Kottröpfchen zu finden. Die Rhododendron-Netzwanze entwickelt nur eine Generation im Jahr, die im Herbst an den Blättern abgelegten Wintereier überdauern. Die Platanen-Netzwanze überwintert dagegen als erwachsenes Tier unter Rindenschuppen und entwickelt meist zwei Generationen im Jahr.

Diese beiden Arten wurden aus ihren natürlichen Verbreitungsgebieten Japan bzw. Nordamerika eingeschleppt. Die Wanzen und ihre Larven verursachen durch ihre Saugtätigkeit auf den Blattunterseiten auffällige helle Blattsprenkelungen, die sich bei den Platanen vom Blattstielansatz ausgehend bald über die ganze Blattspreite ausdehnen. Vor allem in warmen Sommern kann sich die Platanen-Netzwanze so stark vermehren, dass die Bäume schon sehr früh ihr dann silbrig verfärbtes Laub verlieren. Die erwachsenen Wanzen saugen an den jungen, noch wachsenden Blättern und verursachen im Frühjahr Risse und Verkrüppelungen am Laub.

Die Rhododendron-Netzwanze besiedelt dagegen meist nur wenige, dicht beieinander liegende Blätter, die auch bei starkem Besatz und flächiger Sprenkelung noch lange an der Pflanze haften bleiben.

↗ Bekämpfungs-Maßnahmen beschränken sich bei der Rhododendron-Netzwanze meist auf ein Abpflücken der wenigen besiedelten Blätter.

↗ Tritt die Platanen-Netzwanze an kleinen Bäumchen mit schirm- oder kugelförmiger Krone auf, kann sie mit Insektiziden gegen saugende Insekten bekämpft werden. An großen Stadtbäumen scheidet eine direkte Bekämpfung mit Insektiziden aus praktischen Gründen aus. Manchmal sind die überwinternden Wanzen unter Rindenschuppen zu finden, wo man sie dann vernichten kann.

▶ **Die Platanen-Netzwanze hat die größte Bedeutung unter den sehr interessant gestalteten Netz- oder Gitterwanzen. Im Hausgarten kommt eher die verwandte Rhododendron-Netzwanze vor.**

Deformationen am Laub

Blattverformungen werden nicht immer durch Schädlinge oder Krankheiten verursacht. Wenn während der Entwicklung der Blattspreite ungünstige Wachstumsbedingungen herrschen, wachsen verschiedene Gewebebereiche unter Umständen ungleichmäßig. Durch unmittelbar benachbarte stark und schwach wachsende Gewebezonen zeigt die Blattspreite bald blasige Auftreibungen. Solche Verformungen treten häufig nach sehr stark schwankenden Temperaturen während der Blatt-Entwicklung auf. ■

Blattverformungen durch Pilzinfektionen

Kräuselkrankheit

Die wohl bekannteste Pilzkrankheit, die zu Deformationen an Blättern führt, befällt Pfirsich, Nektarine und Mandel. Schon während des Austriebs sind die ersten Schäden an den jungen Blättchen zu erkennen. Infizierte Blätter entwickeln sich nicht gleichmäßig, sondern sind deutlich verformt. Auf den Blattspreiten zeigen sich blasenartige Auftreibungen, das Blattgewebe ist in den betroffenen Bereichen rötlich oder weiß verfärbt. Auf den befallenen Blättern bildet sich später ein weiß bis grau gefärbter Belag aus Mycelfäden und Sporenträgern des Pilzes. Stark befallene Blätter fallen bald ab, so dass anfällige Sorten in manchen Jahren schon Mitte Mai ohne Laub dastehen. Die im Juni neu gebildeten Blätter sind zwar meist befallsfrei, doch die Bäume sind durch die starken Laubverluste oft so stark geschwächt, dass der Ertrag stark leidet. Tritt mehrere Jahre in Folge ein schwerer Befall auf, können Astpartien oder ganze Bäume absterben. Neben den Blättern werden auch die Früchte befallen, die ebenfalls Wucherungen zeigen. Infizierte junge Triebe zeigen Verdrehungen und reagieren mit Gummifluss. Der Erreger *Taphrina deformans* überdauert als Mycel an den Knospenschuppen oder auf der Rinde. Sobald sich die Knospenschuppen zu lösen beginnen, kann der Erreger die sich entwickelnden Blätter infizieren. Beson-

▶ **Alle *Taphrina*-Arten verursachen an ihren Wirtspflanzen auffällige Gewebeneubildungen. Bei der Kräuselkrankheit beeinflusst der Pilz den Wuchsstoffhaushalt seiner Wirtspflanze derart, dass die Blätter beulenartig verformt werden.**

ders bei feuchter Witterung ist mit massiven Infektionen zu rechnen. Der Erreger bildet keine Fruchtkörper, seine Schläuche mit den Sporen stehen als dichter Rasen auf den befallenen Pflanzenorganen.

- Durch gezielte Schnittmaßnahmen lässt sich das Infektionspotenzial reduzieren. Der Erreger überwintert nämlich bevorzugt in den Knospen der einjährigen Triebe, diese müssen stark geschnitten werden. Kam es zu einem Befall, sollten die später ohnehin abfallenden Blätter rechtzeitig abgepflückt werden, bevor die Sporenproduktion einsetzt – erkennbar am weißen bis grauen Belag. Eine Blattdüngung während des zweiten Austriebs kann die Vitalität der Bäume erhöhen. Spritzungen mit Schachtelhalm-Präparaten sollen eine gewisse pflanzenstärkende Wirkung besitzen. Zum Schutz vor der Kräuselkrankheit wird empfohlen, unter der Baumkrone Knoblauch, Kapuzinerkresse und Meerrettich zu ziehen.

- Eine direkte Bekämpfung muss zum richtigen Zeitpunkt erfolgen. Um den Termin für eine Spritzung zu ermitteln, werden die Knospen ab Januar regelmäßig mit Hilfe einer Lupe untersucht. Sobald die Knospen sichtbar schwellen, muss bei entsprechend feuchter Witterung die erste Behandlung erfolgen. Je nach Standort und Witterungsverlauf werden Behandlungen schon im Januar oder Februar notwendig. Manchmal sind bis zu drei Spritzungen im Jahr erforderlich, die im Abstand von etwa zwei bis drei Wochen durchzuführen sind. Als Hilfsmittel kann man einige Triebe im Winter mit einem wetterfesten Farbspray besprühen. Schwellende Knospen sind gut am Aufreißen der Farbschicht zu erkennen. Sobald die Knospen schon ausgetrieben haben, lohnen sich Spritzungen nicht mehr.

- Derzeit sind allerdings keine Fungizide zur Bekämpfung der Kräuselkrankheit im Haus- und Kleingarten ausgewiesen. Bei termingerechtem Einsatz mindert das Pflanzenstärkungsmittel Neudo-Vital einen Befall.

Schadpilze aus der Gattung *Taphrina* können auch an anderen Wirtspflanzen zu auffälligen Blattdeformationen führen, die im Haus- und Kleingarten aber unbedeutend sind. So bewirkt die **Kräuselkrankheit an Erle** (*Taphrina tosquinetii*) blasenartige Blattauftreibungen und Triebverkrümmungen. *Taphrina populina* befällt Pappeln und verursacht die **Goldfleckenkrankheit** mit halbkugeligen Blattauftreibungen und goldgelben Belägen auf der Blattunterseite. ■

Sortenwahl

■ Neben der Witterung zu Austriebsbeginn hat die sortenspezifische Anfälligkeit einen sehr großen Einfluss auf das Ausmaß der Schäden. Allgemein gelten die großfruchtigen und gelbfleischigen Pfirsich-Sorten als anfällig. Allerdings widersprechen sich zum Teil die Beobachtungen in Bezug auf die Widerstandsfähigkeit der einzelnen Sorten. Als wenig anfällig gelten 'Amsden', 'Benedicte', 'Kernechter vom Vorgebirge' ('Roter Ellerstädter'), 'Mayflower' und 'Rekord von Alfter'. Die genannten Sorten werden deutlich weniger befallen, in Befallsjahren können aber auch sie unter der Kräuselkrankheit leiden. ■

Blattverformungen durch Schädlinge

Nematoden

Nematoden oder Fadenwürmer können auch Gewebe-Deformationen an ihren Wirtspflanzen auslösen. Stauden-Phlox (*Phlox paniculata*) zeigt im Hausgarten manchmal stark verkrümmte, gelegentlich nur noch fadenförmige Blätter; die Triebe sind ebenfalls unnatürlich verdickt und bei sehr starkem Besatz wird der Austrieb vollständig unterbunden. Diese Schäden verursacht der Nematode *Ditylenchus dipsaci*.

- Treten solche Symptome im Garten auf, sollte man die betroffenen Pflanzen ausgraben und vernichten. Eine Bekämpfung im Hausgarten ist nicht praktikabel.

▲ Obwohl Weichhautmilben eher Gewächshauspflanzen schädigen, werden manchmal auch Gartenstauden besiedelt. Dann wachsen wie hier an Astern die Triebspitzen nicht mehr oder stark verformt weiter.

▼ Flammenblumen (*Phlox paniculata*) leiden oft unter einem Nematodenbesatz. Manchmal sind die Blätter nur stark verformt, oft sterben die Pflanzen aber auch ganz ab.

Weichhautmilben

Die sehr kleinen, nur etwa 0,2 mm langen, milchig weiß bis hellbraun gefärbten Weichhautmilben (*Tarsonemidae*) saugen an jungem Pflanzengewebe. Dieses reagiert auf die Toxinausscheidungen der Milben mit Verkräuselungen, Gewebeverdickungen oder eingerolltem Blattrand, das betroffene Gewebe wird brüchig. Weichhautmilben sind auf hohe Luftfeuchte angewiesen und schädigen deshalb vor allem in Gewächshäusern und Wintergärten, im Freiland kommt es gelegentlich zu Schäden an Stauden oder Erdbeeren.

Weichhautmilben halten sich immer in den Pflanzenherzen, an den sich entwickelnden Trieben, zwischen Pflanzenhaaren oder an anderen gut geschützten Stellen ihrer Wirtspflanzen auf, an denen eine hohe relative Luftfeuchte herrscht. Im Jahresverlauf können sich abhängig von den klimatischen Bedingungen mehrere sich überlappende Generationen entwickeln.

Ein Besatz mit Weichhautmilben an Erdbeeren kann zum Absterben der Pflanzen führen. Maßnahmen zur Bekämpfung sind im Haus- und Kleingarten nicht praktikabel. An Stauden ist häufig zu beobachten, dass die Symptome mit zunehmendem Wachstum der Pflanzen wieder verschwinden, weil sich die Lebensbedingungen der Milben im Hochsommer verschlechtern.

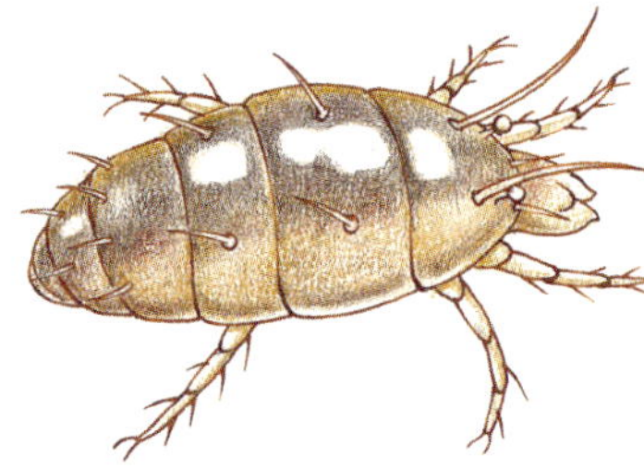

▲ Viele Weichhautmilben ernähren sich von modernden Pflanzenteilen oder Pilzen, manche schädigen auch Pflanzen. Die weichen, oft glasig durchscheinenden Tiere sind auf feuchtes Mikroklima angewiesen.

↗ Bei starkem Besatz sollte man die besiedelten Triebspitzen oder Blätter ausschneiden und vernichten.

Gallmilben

Die Gallmilben (*Eriophyoidea*) verursachen an ihren Wirtspflanzen viele unterschiedliche Schadbilder. Es können echte Gallen ausgelöst werden, in deren Hohlraum sich die Tiere befinden. Durch die Saugtätigkeit von Gallmilben kann es zu Blattkräuselungen kommen

oder es entstehen räumlich eng begrenzte Blattdeformationen, auf der Blattunterseite werden hier oft verstärkt Pflanzenhaare gebildet. Die meisten Gallmilben überwintern unter Knospenschuppen und wandern mit dem Austrieb auf die Blattunterseiten, wo sie einzelne Zellen besaugen. Häufig entwickeln sich mehrere Generationen im Jahr.

- Mit wenigen Ausnahmen müssen Gallmilben an Gartenpflanzen nicht bekämpft werden, der Schaden für die Pflanzen ist unbedeutend.

- Wenn eine Bekämpfung erforderlich erscheint, können breitwirksame Insektizide eingesetzt werden. Ebenso besitzen Netzschwefelpräparate eine gute Nebenwirkung gegen Gallmilben. Spritzungen sind nur in der Wanderphase der Milben während des Austriebs der Wirtspflanzen sinnvoll.

▲ Gallen verursachende Gallmilben scheiden Stoffe aus, die das Pflanzengewebe zu arttypischen Wuchsanomalien anregen. In den innen behaarten kugel- oder zipfelförmigen Gallen halten sich die Milben gut geschützt vor ihren natürlichen Feinden auf und saugen Pflanzensaft.

▼ Links: Gallmilben können zu skurrilen Blattverformungen führen: Hainbuchenblätter werden durch Gallmilben regelrecht zusammengefaltet!

Rechts: An Ahorn sind sehr häufig auffällig gefärbte Gallen zu finden. Die Bäume leiden aber kaum unter dem Besatz.

Die Buchengallmücke induziert auffällige zwiebelförmige Gallen. Darin entwickelt sich gut geschützt die Larve.

Gallmücken

Die Larven vieler Gallmücken-Arten (*Itonididae*) entwickeln sich innerhalb von Blattgewebe-Auswüchsen, deren Bildung sie selbst auslösen. Gallmücken verursachen eingerollte Blattränder, Blattfaltungen oder auffällig geformte und gefärbte Auswüchse auf den Blättern. Die zarten Mücken sind nur selten an den Pflanzen zu finden. Nach der Begattung legen sie ihre Eier an die Blätter. Die daraus schlüpfenden beinlosen Larven sind weiß, gelblich oder orange gefärbt und ernähren sich gut geschützt in den artspezifisch geformten Gallen. Zur Verpuppung wandern die meisten Arten in den Boden ab, wo sie meist auch den Winter überdauern.

Bei manchen Arten kann sich das letzte Stadium der Larven springend fortbewegen. Dazu dient die artspezifisch gestaltete, verdickte Brustgräte: Die Larve biegt den Körper ringförmig und stemmt das Hinterende gegen diese Brustgräte, danach streckt sie sich plötzlich und kann dadurch mehrere Zentimeter hochschnellen. Vermutlich hilft ihr diese Fähigkeit, ihren Verpuppungsort nach dem Verlassen der Galle rasch aufzusuchen. Bei vielen Arten tritt lediglich eine Generation im Jahr auf, manche Arten entwickeln mehrere Generationen im Jahr.

- Im Haus- und Kleingarten sind Gallmücken an den Blättern in der Regel zu tolerieren. An landwirtschaftlichen Kulturen und einzelnen Gemüse-Arten können große Schäden durch Gallmücken am Spross oder an Früchten entstehen.
- Wenn die Schäden an kleineren Einzelpflanzen räumlich begrenzt auftreten, kann man die vergallten Blätter absammeln und vernichten.

Beispiele für Blattschäden durch Gallmilben

Wirtspflanze	Gallmilben-Art	Schadsymptom	Bemerkungen
Birne	*Phytoptus pyri*	pockenartige Veränderung der Blattoberfläche, später dunkel verfärbt	Bekämpfung nicht erforderlich
Pflaume	*Aculus fockeui*	nach unten eingerollte Blätter, auch Blatt- und Triebfleckung, Triebsterben	eventuell ab Austrieb spritzen
Himbeere	*Phyllocoptes gracilis*	Verkräuselung der Blätter, Gelbfleckung, auch an Früchten	Bekämpfung selten erforderlich, Verwechslung mit Virusinfektion möglich
Walnuss	*Eriophyes erineus*	blasenartige Auftreibungen der Blätter, an den Blattunterseiten dichte cremeweiße Behaarung	Bekämpfung nicht erforderlich
Ahorn	*Artacris sp.*	kugelige Gallen auf den Blattoberseiten, oft rot verfärbt	Bekämpfung nicht erforderlich
Pfaffenhütchen	*Eriophyes convolvens*	eingerollter Blattrand	Bekämpfung nicht erforderlich

Blattgallen durch Gallmücken

Wirtspflanze	Gallmückenart	Schadsymptom	Bemerkungen
Veilchen	*Dasineura affinis*	eingerollte Blattränder, gehemmtes Wachstum, Pflanzen können absterben	mehrere Generationen im Jahr, vergallte Blätter entfernen, eventuell ganze Pflanzen vernichten
Lederhülsenbaum	*Dasineura gleditchiae*	Fiederblätter entwickeln sich zu hülsenartigen Gallen, oft Rotfärbung	mehrere Generationen im Jahr, vergallte Blätter entfernen
Buche	*Mikiola fagi*	zwiebelförmige, rötliche Gallen auf der Blattoberseite	Bekämpfung nicht erforderlich
Eiche	*Macrodiplosis dryobia*	Blattzipfel falten sich nach unten	Bekämpfung nicht erforderlich

Läuse, die Gallen verursachen

Manche Blattlaus-Art verursacht auffällige Blattverformungen an ihren Wirtspflanzen. Auch hier erstreckt sich die Bandbreite der möglichen Symptome von einfachen Blatteinrollungen bis zu manchmal sehr großen Auswüchsen aus dem Blattgewebe. Die Gallen induzierenden Blattläuse entwickeln im Jahresverlauf meist mehrere Generationen. Im Herbst legen sie Wintereier an den Zweigen der Wirtsgehölze ab. Blattlaus-Arten, die sich in räumlich eng begrenzten auffälligen Blattgallen entwickeln, beeinträchtigen das Wachstum ihrer Wirtspflanzen kaum und sind im Hausgarten zu tolerieren.

↗ Sollten die Gallen sehr gehäuft auftreten, lässt sich die Blattlaus-Population durch Abpflücken der Gallen selbst oder der besiedelten Blätter reduzieren. Allerdings vollziehen die Gallen induzierenden Blattlaus-Arten ihren Lebenszyklus häufig auf verschiedenen Wirten. Um die Population wirksam zu dezimieren, müssen die Gallen samt den darin befindlichen Läusen entfernt werden, bevor die Läuse abwandern.

↗ Blattlaus-Arten, die zum Einrollen der Blätter führen, können an Pflanzen im Hausgarten manchmal nachhaltige Schäden hervorrufen. Häufig ist allerdings nur das Laub einzelner Triebspitzen davon betroffen, so dass man sie – zumindest bei kleineren Gehölzen – ausschneiden und vernichten kann.

◀ Manche Läuse verursachen außer Gewebeverformungen auch noch auffällige Blattverfärbungen. Johannisbeeren werden oft von der wirtswechselnden Johannisbeerblasenlaus besiedelt.

Blattverformungen durch Blattläuse

	Wirtspflanze	Blattlaus-Art	Schadsymptom	Bemerkungen
Einrollungen	Apfel, Felsenmispel, Weißdorn, Feuerdorn, Eberesche	Grüne Apfelblattlaus (*Aphis pomi*)	starke Blattkräuselungen, manchmal Triebsterben	kein Wirtswechsel
	Birne	Braune Birnenblattrollenlaus (*Geoktapia pyraria*)	im Frühjahr Blattkräuselungen	im Sommer Wirtswechsel auf Gräser
	Kirsche	Schwarze Kirschenlaus (*Myzus cerasi*)	starke Blattrollungen, manchmal Triebsterben	im Sommer Wirtswechsel auf Ehrenpreis u. a.
	Pflaume	Kleine Pflaumenblattlaus (*Brachycaudus helichrysi*)	Blattkräuselungen und -verdrehungen	im Sommer Wirtswechsel auf Klee, Astern u. a.
	Pfirsich, Nektarine	Grüne Pfirsichblattlaus (*Myzus persicae*)	Blattkräuselungen, Triebstauchung	im Sommer Wirtswechsel auf Kartoffeln, Gräser und zahlreiche Zierpflanzen
	Johannisbeere	Kleine Johannisbeertrieblaus (*Aphis schneideri*)	verformte Blätter und Triebe	kein Wirtswechsel
	Liguster	Ligusterblattlaus (*Myzodes ligustri*)	enge Blattrollungen, Wuchshemmungen	kein Wirtswechsel
	Spindelstrauch	Schwarze Bohnenblattlaus (*Aphis fabae*)	Blattrollungen	im Sommer Wirtswechsel auf Bohnen und zahlreiche Zierpflanzen
	Ulme	Ulmenblattrollenlaus (*Schizoneura ulmi*)	bleich verfärbte Blattrollungen	im Sommer Wirtswechsel an die Wurzeln von Johannisbeeren
Auftreibungen	Apfel	Rosige Apfelfaltenlaus (*Dysaphis devecta*)	blasige Auftreibungen, rote Verfärbungen	kein Wirtswechsel
	Johannisbeere	Johannisbeerblasenlaus (*Cryptomyzus ribis*)	blasige Auftreibungen, rote Verfärbungen	im Sommer Wirtswechsel auf Ziest
	Weißdorn	Weißdornblattlaus (*Dysaphis crataegi*)	dunkelrote, blasige Aufreibungen	im Sommer Wirtswechsel auf Möhre
Auswüchse	Ulme	Ulmenblasenlaus (*Brysocrypta ulmi*)	bis 1,5 cm lange grüne Gallen auf der Blattoberseite, später braun	im Sommer Wirtswechsel an Gräserwurzeln
	Pappel	Pappelblattstielgallenlaus (*Pemphigus bursarius*)	beutelförmige Gallen am Blattstiel	im Sommer Wirtswechsel an Salatwurzeln
	Pappel	Spiralgallenlaus (*Pemphigus spirothecae*)	spiralig verdrehte Galle am Blattstiel	kein Wirtswechsel

↗ Die direkte Bekämpfung sollte zu einem frühen Zeitpunkt der Besiedlung einsetzen, damit die Läuse noch gut von den Insektiziden erfasst werden. Haben sich erst einmal die oft sehr engen Blatteinrollungen entwickelt, ist eine Bekämpfung nur noch durch den Einsatz systemisch wirkender Insektizide möglich.

Gallwespen

Auch an den Blättern ihrer Wirtspflanzen verursachen Gallwespen (*Cynipidae*) auffällige Wucherungen oder Auswüchse. Die erwachsenen Wespen schädigen die Pflanze nicht, wegen ihrer geringen Größe werden sie meist nicht beachtet. Die meisten der heimischen pflanzenbewohnenden Gallwespen-Arten entwickeln sich an Eichen, gelegentlich werden auch Rosen oder Ahorn besiedelt.

Bei den Gallwespen-Arten an Eichen treten in der Regel zwei Generationen hintereinander auf, die sich unterschiedlich entwickeln. Im Sommer erscheint eine zweigeschlechtliche Wespengeneration mit männlichen und weiblichen Tieren. Nach der Begattung legen die Weibchen ihre Eier an das jeweils geeignete Organ der Wirtspflanze. Hier entsteht durch Ausscheidungen der Larven eine artspezifische Galle. Nach der Verpuppung dieser Larven entwickeln sich in der zweiten Generation nur Weibchen, diese können sich ungeschlechtlich weitervermehren. Die daraus entstehenden Larven überwintern. Die Eigenschaften dieser Generation wie zum Beispiel ihr Entwicklungsort, die Form der gebildeten Galle sowie die Größe und Gestalt der erwachsenen Wespen unterscheiden sich deutlich von jenen der ersten Generation.

↗ Die Wirtspflanzen leiden kaum unter den Blattgallen, daher ist eine Bekämpfung im Hausgarten nicht erforderlich. Stark vergallte Blätter können abgepflückt und vernichtet werden, um den Populationsaufbau zu bremsen.

Blattsauger

Wegen ihres Sprungvermögens werden diese saugenden Insekten der Familie *Psyllidae* auch als Blattflöhe bezeichnet. Sie verursachen Blattverformungen und werden vor allem durch die starken Ausscheidungen von Honigtau und Wachswolle lästig. **Apfelblattsauger** (*Psylla mali*) und **Gefleckter Birnblattsauger** (*Psylla piricola*) besiedeln Obstgehölze und verursachen neben den Blattschäden auch Blüten- und Fruchtschäden. An Lorbeer führt manchmal der **Lorbeerblattfloh** (*Trioza alacris*) zu auffälligen Blattgallen, vorzeitigem Blattfall und Schäden an den Trieben.

Wesentlich häufiger ist aber das charakteristische Schadbild in den Gärten zu finden, das der **Buchsbaumblattfloh** (*Psylla buxi*) und seine Larven an den Blättern von Buchsbaum verursacht. Der direkte Schaden für die Pflanzen durch den Saftentzug ist gering, allerdings verformen sich die jungen Blättchen löffelförmig nach oben und der Zuwachs der Triebe wird gehemmt. Dadurch entstehen an den Triebspitzen kohlkopfähnliche Gebilde aus dicht beieinander stehenden, deformierten Blättern, zwischen denen sich die Schädlinge gut geschützt aufhalten. Ältere Blätter verformen sich beulenförmig, vergilben und fallen ab. Die noch im Herbst geschlüpften, nur etwa 0,5 mm großen Larven überwintern geschützt unter einer Wachsschicht an der Basis der Knospenschuppen.

Sobald im Frühjahr der Austrieb einsetzt, werden die gelblich bis hellgrün gefärbten Larven mit ihrem relativ breiten und flachen Körper aktiv. Bei späteren Larvenstadien sind die Flügelansätze schon recht

▼ **Oft verursachen Gallwespen auffällig farbige Gallen mit filigraner Oberflächenstruktur. Da der Schaden für die Wirtspflanzen meist gering ist, sollte man sie an Gartengehölzen als interessante Laune der Natur tolerieren.**

gut zu erkennen. Oft sind die starken Wachsausscheidungen der erste Hinweis auf eine Besiedlung der Buchsbäume. Nach etwa sechs Wochen, in denen sich die Larven mehrmals häuten, ist die Entwicklung abgeschlossen und auf den Pflanzen sind die erwachsenen Buchsbaum-Blattflöhe zu finden. Diese sind etwa 3 mm lang, hellgrün gefärbt und geflügelt. Die durchsichtigen, fein geaderten Flügel werden in Ruhestellung steil dachförmig gehalten. Die Tiere fliegen nur kurze Strecken, größere Bedeutung für die Fortbewegung hat ihr gutes Sprungvermögen, das sie besonders bei Störungen eindrucksvoll unter Beweis stellen.

▼ **Der Buchsbaumblattfloh verursacht ein kaum zu verwechselndes Schadbild: Die Blättchen verformen sich löffelartig nach oben und die Pflanzen sind von den weißen Wachswoll-Ausscheidungen der Tiere übersät.**

Die erwachsenen Tiere ernähren sich wie die Larven vom Pflanzensaft. Erst im Spätsommer findet die Begattung statt, die anschließende Ablage der gelben Eier an die Triebe der Wirtspflanze beendet den Entwicklungskreislauf. Die erwachsenen Blattflöhe sterben im Herbst ab, es entwickelt sich nur eine Generation im Jahr.

↗ Beim ersten Auftreten der Schädlinge sollte man konsequent gegen sie vorgehen, da sie sehr auffällige Schäden und störende Verschmutzungen verursachen. Bei einem geringen Besatz empfiehlt sich zunächst ein Entspitzen der Pflanzen. Wird früh im Jahr geschnitten, wird dabei ein Großteil der Larven mechanisch entfernt.

↗ Der Buchsbaum-Blattfloh kann im Frühjahr durch Spritzungen mit Insektiziden bekämpft werden. Für einen ausreichenden Bekämpfungserfolg müssen nicht-systemische Präparate mit hohem Druck gesprüht werden, um die versteckt sitzenden Larven zu erreichen. Bei großen und dichten Pflanzen verwendet man besser systemisch wirkende Insektizide.

▲ **Die Larven von Blattsaugern haben auffallend flach gedrückte Körper. Mit jedem weiteren Entwicklungsstadium werden die Flügelansätze deutlicher erkennbar. Die erwachsenen Tiere (rechts) halten ihre Flügel in Ruhestellung dachartig über dem Hinterleib.**

Weichwanzen

Am Laub vieler Zierpflanzen und Ziergehölze sind manchmal Verformungen und Löcher zu finden, auf dem geschädigten Laub sind selbst bei genauer Untersuchung keine Verursacher zu finden. In den meisten Fällen werden solche Schäden durch Weichwanzen (*Miridae*) verursacht, die am Blattgewebe junger, sich entwickelnder Blätter saugen. Dadurch entstehen zunächst punktförmige Nekrosen, später reißt das Blattgewebe auf und es bilden sich Löcher und Blattverformungen. Weichwanzen findet man am ehesten in den frühen Morgenstunden an ihren Wirtspflanzen. Sie sind mit etwa 5 bis 8 mm Länge recht groß und entwickeln je nach Art ein bis zwei Generationen im Jahr.

▲ **Weichwanzen sind an den Pflanzen nur selten zu entdecken. Nachdem Weichwanzen am Laub gesaugt haben, entwickeln sich kleine Löcher in den Blättern, Blattverformungen und -zerreißungen.**

↗ Kommt es zu starken Schäden an Sommerblumen, Stauden oder Gehölzen, kann man Insektizide mit einer Ausweisung gegen saugende Insekten in den frühen Morgenstunden ausbringen. Da die recht aktiven Wanzen jedoch immer wieder zuwandern, ist der Bekämpfungserfolg häufig nur gering.

Eingerollte Blätter durch beißende Insekten

An Laubgehölzen sind gelegentlich kunstvoll zusammengefaltete oder zusammengerollte Blätter zu finden, manchmal sind auch nur Teile der Blattspreite verformt. Verschiedene Käfer der Familie *Curculionidae* fertigen diese Blattwickel an, diese Gebilde dienen zum Schutz ihrer Larven. In den geöffneten Blattwickeln sind manchmal noch die gelblichen bis orange gefärbten Larven oder die Puppen zu finden. Blatteinrollungen sind häufig an Eiche, Haselnuss, Erle oder Ahorn zu entdecken, wobei meist nur einzelne Blätter betroffen sind. Der Schaden für die Wirtspflanzen ist unbedeutend, Maßnahmen sind nicht erforderlich.

An Rosen entdeckt man häufig in Längsrichtung eingerollte Blätter. Der Schaden tritt etwa ab Mitte Mai auf, es ist nur eine bestimmte Altersklasse von Blättern betroffen. Die etwa 5 mm großen, erwachsenen Wespen der Rosenblattrollwespe (*Blennocampa pusilla*) schlüpfen im Mai oder Juni aus ihren im Boden überdauerten Kokons und legen ihre Eier an den Blattrand. Anschließend stechen sie das Blatt in der Nähe der Mittelrippe mehrfach an. Dadurch rollt das Blatt nach unten ein und bildet so eine Wohnröhre für die aus den Eiern schlüpfenden Larven. Die Larven fressen etwa bis Anfang August und wandern dann in den Boden ab, wo sie sich im nächsten Frühjahr verpuppen.

◀ **Die Larven der Rosenblattrollwespe können sich gut geschützt in den eingerollten Blättern entwickeln. So störend diese Erscheinung ist, der Schaden für die Pflanze hält sich in Grenzen.**

↗ Am besten werden derart eingerollte Blätter von den Rosen abgepflückt und vernichtet. Ein Einsatz von Insektiziden ist im Haus- und Kleingarten nicht erforderlich.

Ähnliche Blattwickel verursachen die Raupen von Palpenmotten (*Gelechiidae*) oder von Wicklern (*Tortricidae*) an Laubgehölzen wie Birke, Haselnuss, Weide, Pappel und vielen anderen Arten. Die Schäden sind so gering, dass sich eine Bekämpfung erübrigt. ■

Allgemeine Schäden durch saugende Insekten

Blattläuse

Die wohl bekannteste Schädlingsgruppe im Garten sind die zahlreichen Blattlaus-Arten aus unterschiedlichen Familien. Die meisten Blattläuse leben in großen Kolonien frei auf den Blattunterseiten oder an den Trieben und saugen dort in den Leitungsbahnen. Blattlaus-Arten, die keine Blattdeformationen hervorrufen, können im Hausgarten häufig lange toleriert werden. In umweltgerecht bewirtschafteten Gärten werden sie rasch durch natürlich vorkommende Gegenspieler dezimiert.

Blattläuse können alle Pflanzenorgane besiedeln – von den Wurzeln über den grünen Spross mit Trieben und Blättern bis zu den Früchten. Die Wirtspflanzen verlieren durch die Saugtätigkeit der Läuse große Mengen Wasser, Nährstoffe und Assimilate und reagieren darauf mit geringerem Zuwachs. Da der aufgenommene Pflanzensaft viel mehr Zucker enthält, als für die Ernährung der Blattläuse erforderlich ist, scheiden sie wie auch manche andere saugende Insekten große Mengen zuckerhaltiger Sekrete aus. Dieser Honigtau lagert sich auf den Pflanzenoberflächen oder auf Gegenständen unter den Pflanzen ab und wird rasch von Schwärzepilzen besiedelt. Die zuckerhalten Sekrete locken Ameisen an, die die Läuse gegen Nützlinge verteidigen. Blattläuse können außerdem Pflanzenkrankheiten übertragen, insbesondere viele Virusinfektionen sind auf Blattläuse als Überträger angewiesen.

Die meisten Blattlaus-Arten saugen vor allem an den jungen Blättern oder den weichen Spitzentrieben. Besonders anfällig sind mit Stickstoff überversorgte Pflanzen, die nur weiches Triebgewebe entwickeln. Manche Blattlaus-Arten sind recht eng auf einzelne Wirtspflanzengruppen spezialisiert, es gibt aber auch wahre Allroundtalente, die sich auf einer Vielzahl von Wirtspflanzen vermehren.

Im Jahresverlauf ist manchmal zu beobachten, dass Blattlaus-Populationen ohne direkte Bekämpfungs-Maßnahmen und ohne erkennbaren Nützlingsbesatz

▶ Geflügelte Blattläuse treten vor allem in den Sommermonaten auf und haben die Aufgabe, neue Lebensräume aktiv zu besiedeln.

plötzlich verschwinden. Dann handelt es sich um Blattlaus-Arten, die im Laufe ihrer Entwicklung einen Wirtswechsel durchmachen. Häufig besiedeln die Blattläuse beim Nebenwirt ganz andere Pflanzenorgane als beim Hauptwirt.

- In der Natur werden Blattläuse durch eine Vielzahl von Räubern und Parasiten in Schach gehalten. Sie dienen vielen Singvögeln und Wespen als Nahrung; sie werden auch von anderen räuberischen Insekten wie Marienkäfern, Ohrwürmern, Florfliegen- oder Schwebfliegen-Larven erbeutet. Häufig sind die von Schlupfwespen parasitierten, deutlich vergrößerten und wie aufgeblasen erscheinenden Blattläuse in den Kolonien zu finden.

- Erscheint eine direkte Bekämpfung notwendig, kann man die Kolonien der frei an den Pflanzen sitzenden Blattläuse einfach zerdrücken. Bei robusten Pflanzen kann man zunächst versuchen, die Blattläuse mit einem scharfen Wasserstrahl abzuspritzen.

- Ist der Einsatz von Insektiziden nicht zu vermeiden, sind unbedingt nützlingsschonende Wirkstoffe zu wählen.

- Bei Topfpflanzen und Balkonblumen haben sich die systemisch wirkenden Pflanzenschutzstäbchen oder Streugranulate bewährt. Diese werden in den Boden gesteckt bzw. ausgestreut und eingearbeitet. Beide geben den insektiziden Wirkstoff über einen längeren Zeitraum ab. Dieser wird von den Pflanzenwurzeln aufgenommen und in der gesamten Pflanze verteilt. Damit ist zwar keine Sofortwirkung zu erreichen, dafür werden die saugenden Schädlinge über mehrere Wochen zuverlässig bekämpft.

▼ Die schwarzen Beläge entwickeln sich auf den zuckerhaltigen Ausscheidungen von Blattläusen. Manchmal wird man erst durch diese auffälligen Russtaupilze auf einen Blattlausbesatz aufmerksam.

Woll- oder Schmierläuse

Obwohl die Woll- oder Schmierläuse der Familie *Pseudococcidae* systematisch zur Unterordnung der Schildläuse gehören, bilden sie keine harten Schutzschilde aus, sondern produzieren weißes Wachs in Form von Pulver oder Fäden. Manchmal sind die Tiere selbst unter den pulverigen Wachsüberzügen noch recht gut zu erkennen, sie erscheinen nur wie bepudert. Andere Arten produzieren jedoch so viele Wachsfäden, dass die Tiere auf den ersten Blick nicht zu erkennen sind; erst wenn man die kleinen „Wattebäuschchen", die an den Pflanzen zu finden sind, auseinanderzieht, werden die Schädlinge sichtbar. Darunter sind die Tiere vor ungünstigen Witterungseinflüssen und vor manchem Räuber geschützt, auch die Eigelege befinden sich in den dichten Wachsfadenknäueln.

Viele Schmierlaus-Arten haben darüber hinaus eine weitere Abwehrstrategie gegen Fressfeinde entwickelt: Auf dem Rücken befinden sich spaltförmige Öffnungen, aus denen bei Gefahr eine zellhaltige, klebrige Flüssigkeit austritt, die dem Angreifer die Mundwerkzeuge verklebt. Die Weibchen sind während ihrer ganzen Entwicklung beweglich, die Männchen sind, sofern vorhanden, wenig beweglich.

Die erwachsenen, breit-oval geformten Schmierläuse sind etwa 3 bis 4 mm lang, die meist rosafarbene Körperoberfläche ist von einer pulverigen Wachsschicht bedeckt. Insgesamt ähneln die Tiere durch die gut erkennbaren Körperabschnitte entfernt einer Kellerassel. Die jeweilige Art lässt sich anhand der weißen Körperfortsätze bestimmen: Die **Zitrusschmierlaus** (*Pseudococcus citri*) besitzt lauter kurze und dicke Fortsätze, bei der Art *Pseudococcus longispinus* sind sie am Hinterleib sehr lang.

▼ **Die weißen Wachswollflöckchen der Woll- oder Schmierläuse findet man häufig in Blattachseln, an Verzweigungen oder anderen etwas geschützten Stellen an den Pflanzen.**

Im Gewächshaus können Schmierläuse abhängig vom Klima zahlreiche Generationen im Jahr entwickeln. Die Eier werden unter schützenden Knäueln aus Wachswollfäden abgelegt. Diese befinden sich wie die Larven und erwachsenen Tiere oft in Blattachseln oder an anderen geschützten Stellen der Pflanze. Im Garten werden Schmierläuse nur in Einzelfällen schädlich, an unter Glas kultivierten Pflanzen können sie jedoch erhebliche Schäden verursachen, die sich in Wachstumsstockungen oder Laubfall äußern. Auch die starken Honigtau-Ausscheidungen, gefolgt von Russtau, können sehr störend sein. Häufig treten Schmierläuse an Orchideen, Kakteen oder Palmen auf, das Wirtspflanzenspektrum der verschiedenen Arten ist aber weit größer.

↗ Verschiedene Insektizide eignen sich für die Bekämpfung von Schmierläusen. Bei der Verwendung von Kontaktinsektiziden müssen die Pflanzen sehr gründlich eingesprüht und die Behandlungen mehrmals in kurzen zeitlichen Abständen wiederholt werden. An kleinen Pflanzen im Zimmer werden die Wachswollbüschel zuerst mit einem Borstenpinsel entfernt, damit das Kontaktinsektizid besser zu den Schadinsekten vordringt. Bei größeren Pflanzen ist der Einsatz systemisch wirkender Insektizide sinnvoll.

↗ Im Gewächshaus oder Wintergarten kommt eine Bekämpfung mit Nützlingen in Frage. Allerdings muss zunächst die Schmierlaus-Art bestimmt werden, da die geeigneten Schlupfwespen auf bestimmte Arten spezialisiert sind. Damit der Einsatz von Schlupfwespen Erfolg verspricht, muss die Bekämpfung frühzeitig einsetzen – noch bevor sich der Schädling in Massen vermehrt. Auch die Klimabedingungen müssen den Ansprüchen der Schlupfwespen genügen. So sind z. B. Temperaturen von deutlich über 20 °C erforderlich und eine hohe Luftfeuchte erhöht den Wirkungsgrad eines Schlupfwespen-Einsatzes.

↗ Hat sich schon ein starker Besatz durch Schmierläuse entwickelt, kann der Australische Marienkäfer (*Cryptolaemus montrouzieri*) und seine Larven eingesetzt werden. Sowohl die erwachsenen Käfer als auch die Larven fressen die Schmierläuse. Der Australische Marienkäfer stellt geringere Ansprüche

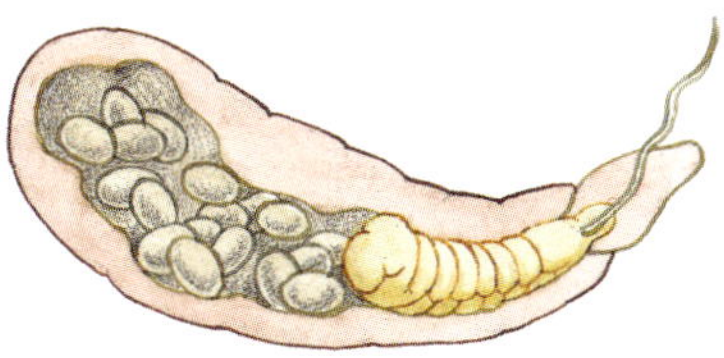

▲ **Bei der Kommaschildlaus ist die Laus wesentlich kleiner, als es der bis 4 mm lange Schild vermuten lässt. Hinter der Laus befinden sich die Eier, die dort gut geschützt überwintern. Die Schilde können nach dem Tod der Läuse noch lange Zeit an den Ästen haften.**

an die Temperatur als die Schlupfwespen, deshalb verspricht sogar ein Larveneinsatz am Blumenfenster Erfolg. Bei der Erfolgskontrolle ist zu beachten, dass die Larven des Australischen Marienkäfers ebenfalls dicht mit Wachswollfäden bedeckt sind, Verwechslungen mit ihren Beutetieren sind deshalb möglich!

Schildläuse

An praktisch allen Pflanzenarten können Schildlaus-Arten der Unterordnung *Coccina* schädigen, besonders häufig kommen sie an Gehölzen, Sukkulenten und Orchideen vor. Die deutsche Bezeichnung „Schildläuse" bezieht sich auf die von den Tieren produzierten Schutzschichten, unter denen sie sich aufhalten. Diese Schutzhüllen können aus Wachs, lackartigen Stoffen oder Spinnseide, manchmal vermischt mit Kot und Häutungshüllen, bestehen. Die Tiere finden darunter ein optimales Kleinklima, außerdem sind sie und ihre Eigelege vor zahlreichen Fressfeinden gut geschützt.

Besiedelt werden vor allem Blätter, Triebe, Zweige und Äste, einige Arten setzen sich auf der Oberfläche von Früchten fest und manche Schildläuse besiedeln sogar Pflanzenwurzeln. Die wichtigsten Arten gehören zu den **Napfschildläusen** (*Lecaniidae*) und den **Deckelschildläusen** (*Diaspididae*). Bei den Napfschildläusen sind die Weibchen fest mit dem Schild verwachsen, meist sind die Schilde groß und hochgewölbt. Die Deckelschildläuse sind dagegen eher klein, sie entwickeln flache Schilde, die von den Tieren abgelöst werden können.

Bei allen Schildläusen unterscheiden sich die männlichen und weiblichen erwachsenen Tiere so stark voneinander, dass die beiden Geschlechter oft für unterschiedliche Insektenarten gehalten werden. Die männlichen Tiere sind meist sehr klein, besitzen Flügel und haben höchstens noch zurückgebildete Mundteile. Während ihres kurzen, oft nur wenige Stunden dauernden Lebens nehmen die erwachsenen Männchen keine Nahrung auf. Meistens fallen ne-

◄ **Schildläuse sind nicht nur vor vielen Feinden gut geschützt, die Schilde erschweren auch die Bekämpfung durch den Gärtner. Am besten wartet man ab, bis die Larven auswandern. Diese können noch am besten mit Insektiziden bekämpft werden.**

Schildläuse im Garten und an Zimmerpflanzen

Wirtspflanzen	Schildlausart	Beschreibung	Bemerkungen
Apfel, Birne, Johannisbeere u. a.	San-José-Schildlaus (*Quadraspidiotus perniciosus*)	runde Schilde an Trieben und Früchten, Pflanzengewebe färbt sich an Stichstelle rot, Triebe können absterben	abbürsten, Schlupfwespe *Prospaltella perniciosi* teilweise eingebürgert
Ahorn, Linde, Rosskastanie, u. a.	Wollige Napfschildlaus (*Pulvinaria regalis*)	Junglarven auf Blattunterseiten, ältere Larven und erwachsene Tiere bilden an Ästen und Stämmen große Kolonien, Wachswolle quillt unter den weiblichen Schilden hervor	geringer Schaden, Kolonien am Stamm abbürsten
Weißdorn, Rose, Buchsbaum, u. a.	Kommaschildlaus (*Lepidosaphes ulmi*)	kommaförmig gekrümmte, längliche Schilde an den Trieben und Ästen, bei starkem Besatz Triebvertrocknungen	Kolonien abbürsten
Eibe	Eibennapfschildlaus (*Eulecanium coryli*)	halbkugelige Mutterschilde an den Zweigen, Larven auch auf Nadelunterseiten, Nadelfall und Verschmutzung durch Rußtaupilze	systemische Insektizide etwa ab Mai
Fichte	Fichtenquirlschildlaus (*Physokermes piceae*)	fast kugelige Weibchen an Zweigquirlen, Nadelvergilbungen, Zweigsterben	Läuse zerdrücken
Zierpflanzen im Zimmer	Weiche Schildlaus (*Coccus hesperidum*)	ovale, flache Schilde auf Blattunterseiten	rechtzeitig und wiederholt ölhaltige Präparate einsetzen

ben den verschiedenen Larvenstadien nur die weiblichen Imagines auf, die keine Flügel besitzen und von den derben Schutzschichten bedeckt sind.

Da sich die erwachsenen Weibchen der meisten Arten von ihrem einmal gewählten Saugort nicht mehr entfernen, sind ihre Beine und Fühler nur sehr kurz oder sie fehlen ganz. Dagegen besitzen sie eine gut ausgebildete, oft sehr lange Stechborste, die tief in das Pflanzengewebe eindringt: Sie endet entweder im Pflanzengewebe oder in den Leitungsbahnen. Schildläuse, die in den Leitungsbahnen saugen, scheiden große Mengen zuckerhaltigen Kot aus, der sich als klebriger Belag auf den Pflanzen oder benachbarten Gegenständen ablagert. Auf diesen zuckerhaltigen Belägen siedeln sich rasch **Schwärzepilze** an. Diese schädigen die Pflanzen nicht direkt, mindern aber den Zierwert deutlich und wenn sie sehr stark auftreten, wird die Assimilationsleistung der Pflanzen beeinträchtigt.

↗ Manche Marienkäfer-Arten erbeuten Schildläuse und auch Schlupfwespen parasitieren Schildläuse. Die Schlupfwespen sind aber zumindest auf einzelne Schildlausgattungen spezialisiert.

↗ Bei Massenvermehrungen sind manchmal Pflanzenschutzmaßnahmen erforderlich. Diese sind effektiver, wenn die derben Mutterschilde vor der Spritzung von den Ästen abgebürstet oder abgekratzt werden. Anschließend können Insektizide gegen saugende Insekten eingesetzt werden.

Mottenschildlaus („Weiße Fliege“)

Die Mottenschildläuse der Familie *Aleurodidae* schädigen vor allem Zierpflanzen in Gewächshäusern, im Freiland werden Kohlarten oder Rhododendren manchmal stark besiedelt. Die erwachsenen Mot-

Die Weißen Fliegen sind eng mit den Schildläusen verwandt. Betrachtet man die an den Blattunterseiten haftenden Larvenstadien, wird dies sehr deutlich. Meist wird man aber erst durch die bei Störung auffliegenden erwachsenen Tiere auf einen Besatz aufmerksam. In Kleingewächshäusern und Wintergärten haben sich Gelbtafeln als Diagnosehilfe bewährt.

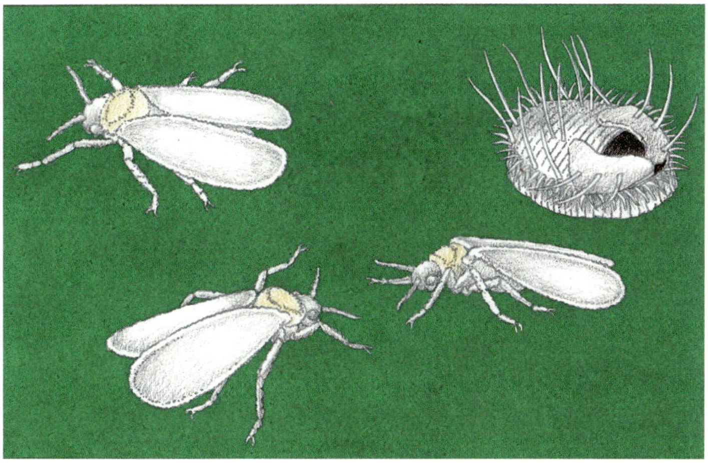

tenschildläuse sind etwa 1 mm lang, ihre mit weißem Wachs bepuderten Flügel erscheinen weiß. Sie fliegen bei Störungen kurz auf. Die Mottenschildläuse legen Eier, aus denen die ovalen, schildartigen Larven schlüpfen. Diese saugen auf den Blattunterseiten und entwickeln sich über mehrere Stadien bis zum Puparium, das keine Nahrung aufnimmt.

Vor allem im Gewächshaus können sich zahlreiche Generationen im Jahr entwickeln. An manchen Kulturen wie Weihnachtssternen, Fuchsien, Gerbera oder auch Tomaten kommt es zu massiven Schäden. Zusätzlich werden die Pflanzen durch die Honigtau-Ausscheidungen der Mottenschildläuse und die sich darauf ansiedelnden Russtaupilze stark verschmutzt.

↗ Im Gewächshaus kommt ein Einsatz der Schlupfwespe *Encarsia formosa* gegen die hier vorherrschenden Arten *Trialeurodes vaporariorum* und *Bemisia tabaci* in Frage. An Freilandpflanzen ist eine Bekämpfung kaum erforderlich.

↗ Falls Insektizide eingesetzt werden, müssen sie wiederholt in kurzen Zeitabständen ausgebracht werden, da sie die Puparien nicht mit erfassen. Gelbtafeln oder Gelbsticker können einen Teil der erwachsenen Tiere abfangen.

Fraßschäden am Laub

Viele verschiedene wirbellose Tiere ernähren sich von Blatt- oder Nadelgewebe. Anhand des Fraßbildes alleine lassen sich nur wenige Verursacher sicher bestimmen, in vielen Fällen sind die Tiere aber noch auf den Pflanzen zu finden – und mit bloßem Auge gut zu erkennen. Aufgrund ihrer Größe ist es oft möglich, die Schädlinge abzusammeln.

Schnecken

Nicht alle Schnecken (*Gastropoda*) bereiten im Garten Probleme. Umfangreiche Schäden verursachen nur **Nacktschnecken** – vor allem im Gemüsegarten und im Sommerblumen- oder Staudenbeet. Sie fressen alle weichen Pflanzenteile, die sie mit ihrer Zunge abraspeln. An dickeren Blättern entsteht so ein charakteristischer Schabefraß, bei dünneren Laubblättern wird das Blattgewebe vollständig gefressen. Weiche Früchte wie Erdbeeren oder Tomaten sind ebenfalls eine beliebte Nahrung, hier fressen die Schnecken tiefe Löcher in das Fruchtfleisch.

Nacktschnecken sind auf feuchte Umgebung und entsprechende Versteckmöglichkeiten angewiesen, damit sie nicht austrocknen; feucht-kühle Witterung begünstigt die Nacktschnecken. Die meisten heimischen Nacktschnecken legen im Herbst Eier im Boden ab. In diesem Stadium überdauern sie den Winter. Eingeschleppte Arten wie die **Spanische Wegschnecke** überwintern auch als Jungtiere, die sich in Bodenspalten verstecken.

- Schneckenplagen kann man vorbeugen, indem man die Lebensbedingungen für Schnecken verschlechtert. Komposthaufen dürfen nicht in der Nähe gefährdeter Pflanzen angelegt werden. In unmittelbarer Nähe des Gemüse-, Sommerblumen- oder Staudenbeetes sollten keine Versteckmöglichkeiten durch Bretter, Laubstreu, Reisighaufen oder Ähnliches vorhanden sein.

- Beim Anbau von Gemüse bietet sich der Bau eines Schneckenzaunes an, um die Kulturen vor Schneckenfraß zu schützen (siehe Seite 29).

- Im Ziergarten sind diese Umgrenzungen aus ästhetischen Gründen meist nicht erwünscht. Hier lässt sich einiges erreichen, wenn man Gegenspieler fördert. Dazu gehören Igel, Erdkröten oder Weinbergschnecken (letztere fressen die Eigelege der Nacktschnecken).

- Auch der Einsatz von Molluskiziden führt zum Erfolg, sofern

◀ **Auch wenn man den Verursacher tagsüber oft nicht mehr findet: Die Schleimspuren auf dem Laub sind ein sicherer Hinweis, dass Nacktschnecken für den Lochfraß am Laub verantwortlich waren.**

sie regelmäßig ausgestreut werden. Da sie einen Lockstoff enthalten, locken sie unweigerlich Schnecken aus benachbarten Bereichen an.

Schmetterlingsraupen

Die Raupen der meisten Schmetterlings-Arten ernähren sich von Blatt- oder Nadelgewebe, das sie frei auf ihren Wirtspflanzen sitzend fressen. Viele Schmetterlinge sind dabei eng auf einzelne Wirtspflanzen spezialisiert, das Nahrungsspektrum mancher Raupen umfasst jedoch praktisch alle im Garten vorhandenen Pflanzen. Bekämpfungswürdig sind vor allem die zu Massenvermehrungen neigenden polyphagen Vertreter wie Frostspanner oder Gespinstmotten. Manchmal können sich aber auch Nahrungsspezialisten wie Ligusterschwärmer oder Eichenprozessionsspinner so stark vermehren, dass Gegenmaßnahmen erforderlich werden.

▼ **Blattfraß an den verschiedensten Gehölzen unmittelbar nach dem Austrieb wird meist durch die gefräßigen Frostspannerraupen verursacht. In manchen Jahren kommt es großflächig zum Kahlfraß!**

Umfangreiche Fraßschäden am Laub von Gehölzen unmittelbar nach dem Austrieb sind in aller Regel auf einen Besatz durch **Frostspannerraupen** zurückzuführen. In manchen Jahren kommt es zu einer Massenvermehrung, die manchmal sogar zum Kahlfraß der Gehölze führt. Wirtschaftliche Bedeutung haben vor allem der Kleine Frostspanner (*Operophthera brumata*) und der Große Frostspanner (*Erannis defoliaria*). Beide fliegen im Herbst und durchlaufen eine ganz ähnliche Entwicklung, ihre Raupen fressen an allen Laubgehölzen und Stauden.

Die erwachsenen Falter des **Kleinen Frostspanners** können schon ab Oktober auftreten, am häufigsten sind sie von November bis Dezember zu finden. Die unscheinbar braun-grauen Männchen erreichen eine Flügelspannweite von etwa 25 mm, die flugunfähigen Weibchen haben lediglich Flügelstummel. Nach der Begattung klettern die Weibchen an ihren Wirtspflanzen hoch und legen ihre Eier einzeln oder in kleineren Häufchen in Rindenritzen ab. Mit dem Knospenaufbruch im nächsten Frühjahr schlüpfen die Räupchen und beginnen sofort, an Knospen, Blättern, Blüten und später auch an jungen Früchten zu fressen.

Bei Massenauftreten kommt es zum völligen Kahlfraß der Wirtspflanzen, die sich aber meist wieder erholen und nochmals austreiben. Die Raupen produzieren Spinnfäden, an denen sie sich abseilen können; mit deren Hilfe können sie vom Wind auf andere Wirte verfrachtet werden. Die Raupen spinnen damit auch Blätter zusammen. Etwa Ende Mai wandern die Raupen in den Boden ab, wo sie sich verpuppen.

▲ **Leimringe zum Schutz vor dem Frostspanner müssen spätestens Anfang November am Stamm befestigt werden. Dabei ist darauf zu achten, dass die beleimten Manschetten dicht am Stamm anliegen, um ein Unterwandern durch die Weibchen zu verhindern. Bei älteren Bäumen mit rissiger Borke ist es wichtig, die Borke zu glätten oder die Rindenspalten mit formbaren Materialien wie Knetmasse zu verschließen, bevor der Leimring angebracht wird.**

- Hochstämme lassen sich einfach und umweltschonend mit Hilfe eines Leimrings vor einer Besiedlung schützen. Sind Baumpfähle von erst kürzlich gepflanzten Bäumen vorhanden, müssen die Leimringe oberhalb der Bindungen befestigt werden – oder man versieht die Pfähle mit einem Leimring.

- Während des herbstlichen Laubfalls dürfen keine Brücken durch angewehte Blätter entstehen, die an den Leimringen kleben bleiben. Manchmal legen die Falterweibchen unterhalb der Barriere ihre Eier ab. Um diese zu zerstören, müssen diese Stellen am Stamm nach dem Entfernen des Leimrings gründlich abgebürstet werden.

- Spritzungen mit Insektiziden sind möglich, falls das Anbringen der Leimringe versäumt wurde oder wie z. B. an Sträuchern nicht möglich ist. Die Bekämpfung der Raupen muss im Frühjahr, möglichst unmittelbar nach dem Schlüpfen, erfolgen. Wird der Fraß zu spät bemerkt und sind die Raupen schon ausgewachsen, lohnt eine Spritzung meist nicht mehr.

An Laubgehölzen treten mehrere **Gespinstmotten-Arten** (*Yponomeutidae*) auf. Bei einem Massenauftreten können deren Gespinste große Bäume fast vollständig einhüllen. An Kirschen, Weißdorn und Eberesche ist häufig *Yponomeuta padellus* zu finden, Schlehe und Faulbaum werden von *Y. evonymellus* besiedelt. Die zarten Falter der Gespinstmotten erscheinen ab Juli. Ihre Flügelspannweite beträgt etwa 2 cm. Die in Ruhe sichtbaren Vorderflügel sind weiß bis hellgrau gefärbt. Sie sind mit schwarzen Punkten gezeichnet und besitzen hinten einen Saum aus grauen Fransen. Die in Ruhestellung nicht sichtbaren Hinterflügel sind hell- bis dunkelgrau gefärbt und sind ebenfalls von grauen Fransen gesäumt. Tagsüber sitzen die Falter oft massenhaft auf ihren Wirtspflanzen, erst gegen Abend und in der Nacht werden sie aktiv.

Schon wenige Tage nach dem Falterschlupf kommt es zur Begattung und die Eiablage beginnt. Das Weibchen legt die flachen, gelblichen Eier in größeren Gelegen an die Rinde von Ästen und Zweigen der jeweiligen Wirtspflanze. Anschließend werden diese Gelege mit einem durchsichtigen Sekret überzogen, das schnell aushärtet und so einen effektiven Schutz für die Eier und später für die Jungräupchen darstellt. Noch im Spätsommer bis Herbst schlüpfen die Räupchen, zerstören dabei aber weder die obere Eischale noch die schützende Sekretschicht. So können die Jungräupchen geschützt überwintern, sie überleben sogar sehr tiefe Temperaturen.

◀ Konnten sich Gespinstmotten ungehemmt ausbreiten, werden die Wirtsgehölze manchmal fast vollständig mit den zähen Gespinsten überzogen.

Etwa mit dem Austrieb verlassen die Räupchen das schützende Gelege und beginnen an den jungen Blättern zu fressen. Die Raupen legen zunächst an den Triebspitzen Gespinste an, in denen sie gut geschützt in größeren Gruppen fressen. Anfangs sind die Gespinste noch locker und durchsichtig, später werden sie sehr dicht verwoben und sind dann fast undurchsichtig weiß. Mit fortschreitender Entwicklung der Raupen werden ganze Äste oder sogar Stämme mit den Gespinsten überzogen. Bei Massenvermehrungen, wie sie häufig in sehr warmen Jahren vorkommen, sind bis Ende Mai / Anfang Juni die Äste der gesamten Baumkrone von den weißen Gespinsten bedeckt.

Werden die Raupen gestört, ziehen sie sich schnell ins Innere der Gespinste zurück. Bei stärkeren Störungen lassen sie sich an Gespinstfäden herab, um sich anschließend an diesem Faden wieder zum Fraßort hochzuhangeln. Die grau gefärbten Raupen mit schwarzen Punkten erreichen kurz vor der Verpuppung in den Gespinsten etwa im Juni eine Länge

◀ Hier wird die Herkunft des deutschen Namens deutlich: Die Raupen des Eichenprozessionsspinners wandern in langen Reihen von ihrem Schlafbaum zum nächsten Fraßbaum, große Kolonien wandern oft auch in mehreren Reihen nebeneinander.

▶ Charakteristisch für viele Blattwespenlarven an Laubgehölzen ist ihr Schabefraß von der Blattunterseite her. Die Oberhaut bleibt stehen, so dass zunächst transparent durchscheinende Blattbereiche entstehen. Später vertrocknen diese Gewebezonen und verfärben sich braun.

von 2,5 bis 3 cm. Im Frühsommer sind die durchsichtigen bis weiß gefärbten Puppenkokons oft parallel zueinander ausgerichtet in den Gespinsten zu finden. Nach einigen Wochen schlüpfen die Falter und begründen die Generation für das Folgejahr.

- Wer bei Schnittmaßnahmen die Eigelege findet, sollte sie gleich zerstören. Werden die Gespinste im Frühjahr rechtzeitig entdeckt, kann man sie mit den darin befindlichen Raupen ausschneiden und vernichten. Im Hausgarten ist es möglich, die Bäume mit einem scharfen Wasserstrahl abzuspritzen. Bei kleineren Bäumen kann man die Raupen über ausgelegten Tüchern abschütteln und anschließend vernichten.

- Frühzeitige Spritzungen gegen die Raupen sind möglich, sind aber vor allem bei großen Bäumen kaum praktikabel, weil der Spritznebel in der Regel stark abdriftet.

Eichen werden durch die Raupen des **Eichenprozessionsspinners** (*Thaumetopoea processionea*) im Spätfrühjahr bis Frühsommer mitunter völlig kahl gefressen. Betroffen sind vor allem Eichen an besonders warmen und sonnigen Standorten, häufig an Straßen und Plätzen. Obwohl der Schaden sehr auffällig ist, leiden die Bäume kaum; sie treiben anschließend wieder aus (Johannistrieb). An den betroffenen Bäumen sind die auffälligen, bis fußballgroßen, meist sackförmigen Nester der Spinnerraupen an den Stämmen, oft am Kronenansatz zu finden. In diesen Nestern befinden sich ungeheure Mengen von Brennhaaren der Raupen, die zu schmerzenden Hautreizungen und gefährlichen Atemwegsbeschwerden führen können. Die grauen Falter fliegen im Hochsommer. Nach der Begattung legen die Weibchen ihre Eier an die Äste von Eichen, die Gelege bestehen aus bis zu 200 Eiern. Die Falter überdecken sie mit einem härtenden Sekret, unter dem die Eier geschützt überwintern. Mit dem Austrieb der Eichen im Frühjahr schlüpfen die Raupen, die sofort die Blätter befressen. Tagsüber halten sie sich in den Nestern auf, mit Einbruch der Dunkelheit wandern die Tiere in langen, bei Massenvermehrung auch mehrreihigen Prozessionen zu ihren Fraßplätzen, die sich auch auf anderen Eichen als dem Schlafbaum befinden können. Es entwickeln sich sechs Larvenstadien, wobei die ersten beiden Stadien noch keine Brennhaare besitzen. Etwa im Juli / August verpuppen sich die Raupen in ihrem Nest.

Die Eichen leiden bei einer einmaligen Besiedlung zwar wenig unter dem Fraß, trotzdem ist eine Bekämpfung meist nicht zu umgehen, um eine Gefährdung durch die Brennhaare auszuschließen.

- An kleineren Eichen können die ersten Raupenstadien mit Insektiziden gegen frei fressende Schmetterlingsraupen bekämpft werden. Alternativ kann man die Raupennester mechanisch entfernen und verbrennen. Da die Brennhaare noch nach Jahren ihre reizende Wirkung entfalten, ist dabei ein Vollkörperschutz unverzichtbar.

- Durch das Beleimen der Stämme mit Insektenleim lässt sich die Wanderung der Raupen unterbinden, der Fraß bleibt auf den Schlafbaum begrenzt.

Blattwespen und Buschhornblattwespen

Manche **Blattwespenlarven** (*Tenthredinidae*) fressen frei an ihren Wirtspflanzen und können gelegentlich umfangreiche Schäden verursachen. Blattwespenlarven ähneln meist Schmetterlingsraupen, besitzen aber sieben bis acht Bauchfußpaare. Manche Larven sind von einer schleimigen Schicht umhüllt und sind auf den ersten Blick leicht mit einer kleinen Nacktschnecke zu verwechseln.

Zumindest die ersten Stadien mancher Blattwespenlarven verursachen einen charakteristischen Fensterfraß, bei dem nur die untere Epidermis und das Palisadengewebe gefressen werden, die Oberhaut des Blattes bleibt als transparentes Häutchen bestehen.

Buschhornblattwespen (*Diprionidae*) fressen an Nadelgehölzen und können dort partiellen Kahlfraß verursachen. Die Larven vieler Arten nehmen bei Störung eine Schreckstellung ein und heben dabei Vorder- und Hinterleib von der Unterlage ab, andere Arten rollen sich bei Störungen zusammen und lassen sich fallen.

Blattkäfer

Unter den Käfern (*Coleoptera*) schädigen vor allem Vertreter der Blattkäfer (*Chrysomelidae*) durch den Fraß der Larven und erwachsenen Käfer am Laub. Blattkäfer sind meist auf bestimmte Pflanzengruppen spezialisiert und können nach Massenvermehrung erhebliche Schäden anrichten. Die erwachsenen Käfer besitzen oft metallisch glänzende Flügeldecken, viele Arten sind nur etwa 5 mm groß. Die meist sehr kleinen Vertreter der Unterfamilie *Halticinae* zeichnen sich durch ihr Sprungvermögen aus und werden deshalb als „Erdflöhe" bezeichnet.

- Zur Bekämpfung genügt an Einzelpflanzen meist das Absammeln der Käfer und Larven.

- Wenn eine direkte Bekämpfung mit Insektiziden erforderlich ist, sollte sie bevorzugt gegen die Larven gerichtet sein. ■

Freifressende Blattwespen-Arten

Blattwespe	Wirtspflanze(n)	Biologie	Bemerkungen
Kiefernbuschhornblattwespe (*Diprion pini*)	Kiefer	Nadeln werden vollständig gefressen, an einzelnen Trieben häufig Kahlfraß, 2 Generationen	Larven absammeln, eventuell Kontaktinsektizid
Lindenblattwespe (*Caliroa annulipes*)	Linde, Eiche, Buche, u. a.	Schabefraß durch nacktschneckenartige Larven auf den Blattunterseiten, Laub verfärbt sich weißlich, später braun, 2 Generationen	trotz auffälligem Schadbild höchstens bei Neupflanzungen bekämpfungswürdig
Gelbe Stachelbeerblattwespe (*Pteronidea ribesii*)	Stachelbeere, Johannisbeere	zuerst Schabe-, dann Kahlfraß, 2 bis 4 Generationen	Larven absammeln, eventuell Kontaktinsektizid
Maiglöckchenblattwespe (*Phymatocera aterrima*)	Maiglöckchen, Salomonssiegel	längliche Löcher zwischen den Blattadern, häufig Kahlfraß, 1 Generation	Larven absammeln, eventuell Kontaktinsektizid

Blattkäfer

Blattkäfer	Wirtspflanze	Biologie	Bemerkungen
Kartoffelkäfer (*Leptinotarsa decemlineata*)	Kartoffel, Aubergine und andere Nachtschattengewächse	im Boden überwinterte Käfer fressen am Laub, Eiablage, orangerote Larven fressen am Laub, Verpuppung im Boden, 1 bis 2 Generationen	Käfer und Larven absammeln
Kohlerdfloh (*Phyllotreta* spec.)	Kohl, Radies, Rettich	Larvenfraß an Wurzeln, kaum schädlich, Käfer verursachen Lochfraß, Keimlinge können absterben	Kulturschutznetze verwenden
Seerosenblattkäfer (*Hydrogaleruca nymphaeae*)	Seerose, Teichrose, manchmal Erdbeere	Fraß der überwinterten Käfer ab Mai, ab Juni Schabe- und Lochfraß durch die Larven, 2 bis 3 Generationen	Käfer und Larven mit scharfem Wasserstrahl von den Blättern abschwemmen
Lilienhähnchen (*Lilioceris lilii*)	Lilien, Kaiserkrone, u. a.	überwinterte rote Käfer legen ab April Eier an das Laub, mit Schleim bedeckte Larven fressen am Laub, bis zu 2 Generationen	Käfer und Larven absammeln
Roter Pappelblattkäfer (*Melasoma populi*)	Weide, Pappel	überwinterte Käfer ab Mai, Eiablage, Schabefraß, später Kahlfraß durch Larven, 2 Generationen	Käfer und Larven absammeln, Insektizide gegen Larven
Schneeballblattkäfer (*Pyrrhalta viburni*)	Schneeball	Eigelege überwintern in Grübchen an den Zweigen, Larvenfraß ab Mai, im Sommer Fraß durch Käfer, 1 Generation	Triebe mit Eigelege ausschneiden, Insektizide gegen Larven

◀ Im Frühjahr skelettieren die Larven des Schneeballblattkäfers manchmal alle Blätter von Schneeballsträuchern. Sie treiben anschließend meist nochmals durch. Der Fraßschaden durch die Käfer im Sommer ist eher unbedeutend.

Knospenschäden

Wenn sich Trieb- oder Blütenknospen von Gartenpflanzen nicht öffnen, können nichtparasitäre Ursachen, Krankheiten oder Schädlinge dafür verantwortlich sein. Um die in Frage kommenden Ursachen einzugrenzen, ist zu prüfen, ob nur einzelne oder alle Knospen der betroffenen Pflanze geschädigt wurden. Treibt fast keine Knospe mehr aus, können ungünstige Wachstumsbedingungen wie Frost, Trockenheit oder Staunässe verantwortlich sein, auch Schäden im Wurzelbereich oder an der Pflanzenbasis können zu solchen Schadbildern führen. Die betroffene Pflanze muss auf Verletzungen, Wurzelfraß durch bodenbewohnende Schädlinge und Infektionen durch bodenbürtige Pilze untersucht werden.

▼ Die Johannisbeerknospengallmilbe besiedelt vor allem Schwarze Johannisbeeren. Schon vor dem Austrieb kann man die gesunden von den besiedelten Knospen unterscheiden. Die kugelig angeschwollenen Knospen sollten frühzeitig abgepflückt werden.

Beschränken sich die Knospenschäden auf einen Teil der Pflanze, etwa auf einen oder auf mehrere Äste, sind meist Beschädigungen oder Infektionen an der Basis des betroffenen Astes verantwortlich. Sind an der Pflanze sowohl geschädigte als auch vollkommen gesunde, sich normal entwickelnde Knospen vorhanden, sind Schädlinge oder Krankheitserreger in oder an den Knospen wahrscheinlich.

Fichtenknospensterben

Nur wenige Pilzkrankheiten befallen die Triebknospen von Pflanzen und töten diese ab. Vor allem an Stechfichten kann jedoch manchmal der Pilz *Gemmamyces piceae* schädigen. Der Pilz kann den Austrieb der im Vorjahr normal entwickelten Knospen vollständig verhindern; manchmal treiben die Knospen noch aus, sie wachsen dann aber einseitig gekrümmt. Auf nicht ausgetriebenen Knospen bilden sich im Frühsommer krustenartige, schwarze Überzüge, die aus den stecknadelkopfgroßen Fruchtkörpern des Pilzes bestehen.

- Befallene Knospen sollten sofort ausgeschnitten werden. Der Pilz tritt vor allem nach feuchten Jahren und in dichten Pflanzungen auf. Werden die Bestände ausgelichtet, sinkt die Wahrscheinlichkeit für eine Infektion.
- Eine direkte Bekämpfung durch den Einsatz von Fungiziden ist im Hausgarten nicht erforderlich.

Knospengallmilben

Nur an wenigen Gehölz-Arten treten Knospengallmilben auf, sie können dort jedoch nachhaltige Schäden verursachen. Bei weniger starkem Besatz ist die Knospe noch in der Lage, einen schwachen, meist verkrüppelten Trieb zu entwickeln, bei starkem Besatz wird der Austrieb vollständig verhindert und die besiedelte Knospe stirbt ab.

Die Gallmilben überwintern in den Knospen ihrer Wirtspflanze. Weil die Tiere daran saugen, werden Blatt- oder Nadelanlagen deformiert. Im Winter sind die besiedelten Knospen an ihrer Größe und ungewöhnlichen Form erkennbar. Sie nehmen eine mehr kugelige Gestalt an

Knospengallmilben

Gallmilbe	Wirtspflanzen	Bemerkungen
Haselnussknospengallmilbe (*Phytocoptella avellanae*)	Haselnuss, Lambertnuss, selten Baumhasel	selten bekämpfungswürdig, eventuell verdickte Knospen ausbrechen
Johannisbeerknospengallmilbe (*Cecidophyopsis ribes*)	(Schwarze) Johannisbeere, Stachelbeere, Zier-Johannisbeeren	bei starker Besiedlung vollständiger Rückschnitt der Sträucher bis zum Boden erforderlich
Eibenknospengallmilbe (*Cecidophyopsis psilaspis*)	Eibe	einzelne Triebe ausschneiden

und sind gegenüber den gesunden Knospen um ein Mehrfaches vergrößert. Im Frühjahr treiben die besiedelten Knospen nicht oder deutlich schwächer aus.

Bei Haselnuss oder Johannisbeere entwickeln sich aus besiedelten Knospen deformierte Blätter, der Trieb erreicht nicht die Stärke eines gesunden Triebes. Bei Eiben sind die Austriebe schwächer und verkrümmt, die Nadeln sind ebenfalls verdreht. Die Gallmilben können nach einem Längsschnitt durch eine angeschwollene Knospe nachgewiesen werden. Mit einer guten Lupe findet man die 0,2 mm langen, schlank spindelförmigen Gallmilben in großer Zahl zwischen den Blatt- bzw. Nadelanlagen. Die Milben verlassen die Knospen etwa im April und saugen auf den Blättern oder Nadeln, schon im Juli werden die neuen Knospen besiedelt.

↗ Die Bekämpfung wird dadurch erschwert, dass sich die Milben den größten Teil des Jahres gut geschützt im Inneren der Knospen aufhalten. Eine Erfolg versprechende Bekämpfung durch den Einsatz von Akariziden wäre nur während der Zeiträume möglich, in denen sich die Gallmilben frei auf ihren Wirtspflanzen bewegen.

↗ Während des Austriebs können die fungiziden Netzschwefelpräparate eingesetzt werden, die eine gute Nebenwirkung gegen Gallmilben besitzen.

Blütenknospensterben an Rhododendren

Wenn sich die im Vorjahr angelegten Blütenknospen von Rhododendren nicht öffnen, war häufig der Pilz *Pycnostysanus azaleae* für den Schaden verantwortlich. Nachweisen lässt sich der Pilz anhand eines dichten Rasens aus kurzen, schwarzen „Härchen", der sich auf den abgestorbenen Blütenknospen im Laufe des Frühjahrs entwickelt. Diese Härchen sind die miteinander verklebten, etwa 1 bis 2 mm langen Konidienträger, an deren Enden massenhaft asexuelle Konidien gebildet werden. Nach einer Vorschädigung der Rhododendren kann der Pilz auch in den Trieb eindringen und diesen abtöten.

▶ **Ob trockene Blütenknospen an Rhododendren vom parasitären Blütenknospensterben abgetötet wurden, ist an den dunklen Konidienträgern auf der Knospenoberfläche zu erkennen. Reibt man über die Knospe, färben sich die Finger schwarz.**

Das parasitäre Blütenknospensterben an Rhododendren tritt immer dann sehr stark auf, wenn die Rhododendren durch die auffällig gezeichneten **Rhododendron-Zikaden** (*Graphocephala coccinea*) besiedelt sind, die sich etwa seit Ende der 1970er Jahre in Deutschland ausbreiten. Die Zikaden verursachen durch ihre Saugtätigkeit

kaum direkte Schäden, sie schaffen aber bei ihrer Eiablage in das Pflanzengewebe die Voraussetzungen für eine erfolgreiche Infektion durch den Pilz.

Die ersten Zikadenlarven erscheinen witterungsabhängig etwa ab Anfang Mai. Sie sind gelb gefärbt und ähneln in der Körperform schon ihren Eltern: Sie besitzen den für Zikaden typischen dreieckigen Kopf, der Körper verjüngt sich keilförmig nach hinten. Die Larven sind flugunfähig, bewegen sich aber recht flink auf ihren sechs Beinen. Auffällig ist dabei ihre seitliche Fortbewegung, was man bei einer Störung der Tiere gut beobachten kann. Die Larven fallen in der Regel noch wenig auf, da sie sich bevorzugt auf den Blattunterseiten aufhalten.

Nach mehreren Häutungen erscheinen etwa ab Juni die ersten erwachsenen, hellgrünen, knapp 1 cm langen Zikaden, die mit orangeroten Streifen auf den Flügeldecken sehr auffällig gezeichnet sind. Die erwachsenen Zikaden sind wesentlich aktiver als ihre Larven, besonders bei hohen Temperaturen schwärmen sie schon nach der geringsten Störung um ihre Wirtspflanzen. Alle Entwicklungsstadien saugen zwar auf den Blattunterseiten, außer kleinen Nekrosen an den Blättern verursachen sie aber keine nachhaltigen Schäden. Etwa ab August beginnen die Zikaden, ihre Eier abzulegen. Dazu schneiden sie an der Basis der Blütenknospen kleine Taschen in das Gewebe, in die sie jeweils ein gelbes Ei legen. Nur bei sehr genauer Untersuchung der Knospenoberfläche sind die Eiablagestellen als leicht erhabene Stellen an der Blütenknospenbasis zu erkennen, oft liegen mehrere Eier parallel nebeneinander. Es entwickelt sich nur eine Generation im Jahr.

- Durch das rasche Entfernen der befallenen Blütenknospen sinkt das Infektionspotenzial deutlich ab. Bei sehr großen Pflanzen oder dichten Beständen ist dies jedoch meist nicht mehr praktikabel.

- Da Fungizidspritzungen gegen den Pilz nicht möglich sind, muss sich die Bekämpfung gegen die Zikaden richten. Um eine Eiablage in die Blütenknospen zu verhindern, muss die Bekämpfung der Rhododendron-Zikaden spätestens Mitte August abgeschlossen sein. Sind zum Zeitpunkt der Behandlung schon erwachsene Zikaden vorhanden, müssen Spritzungen frühmorgens bzw. während einer kühlen Witterungsperiode durchgeführt werden. Bei hohen Temperaturen fliehen die Zikaden schon bei der ersten Annäherung an den Strauch, sie werden dann nur unzureichend erfasst.

Blütenstecher

Blütenknospen von Apfelbäumen, Erdbeeren, Himbeeren oder Rosen können sich nach einer Besiedlung durch spezialisierte Rüsselkäfer nicht mehr öffnen. In den Knospen entwickeln sich die Larven der *Anthonomus*-Arten und ernähren sich von den welkenden Blütenbestandteilen. An Apfel, Birne, Quitte und Mispel schädigt der **Apfelblütenstecher** (*Anthonomus pomorum*). Die Käfer legen je ein Ei in eine sich öffnende Blütenknospe. Die daraus schlüpfende Larve frisst an den Blütenblättern, die Blüte bleibt im Ballonstadium stehen und verbräunt.

Der Erdbeerblütenstecher frisst am Knospenstiel, damit sich die mit einem Ei belegte Knospe nicht mehr öffnet.

Der **Erdbeerblütenstecher** (*Anthonomus rubi*), der neben Erdbeeren auch Himbeeren, Brombeeren und Rosen besiedelt, legt ein Ei in die geschlossene Knospe. Dann klettert er abwärts und benagt den Blütenstiel, damit sich die mit dem Ei belegte Knospe nicht mehr öffnen kann. Der Blütenstiel knickt meist an der Fraßstelle ab.

- Damit sich keine nennenswerte Population entwickelt, sollte man besiedelte Knospen aus den Pflanzungen entfernen und vernichten.

- Eine direkte Bekämpfung durch den Einsatz von Insektiziden ist im Hausgarten meist nicht erforderlich; sie hätte nur während der Knospenbesiedlung Aussicht auf Erfolg.

Schäden an Früchten

Schaderreger, die sich auf Früchte spezialisiert haben, können die erhoffte Gemüse- oder Obsternte zunichte machen. Ist das Pflanzenwachstum insgesamt gestört, wachsen die Früchte nur unzureichend und werden vorzeitig abgeworfen. Manche durch Bakterien oder Pilze verursachten Blatterkrankungen gehen auch auf die Früchte ihrer Wirtspflanzen über. Bei starkem Befall ist eine Verwertung oft nicht mehr möglich, zumindest ist die Lagerfähigkeit des Ernteguts stark reduziert.

Apfelschorf

Der Apfelschorf (*Venturia inaequalis*) ist der bedeutendste Schaderreger im Apfelanbau. Er befällt zwar auch das Laub (siehe Seite 102 f.), der **Befall der Früchte** hat aber die größere Bedeutung. Wird die Fruchtschale infiziert, bilden sich dort korkige Stellen aus. Je nach Zeitpunkt der Infektion können sich drei unterschiedliche Symptome entwickeln. Frühschorf entsteht bei Infektionen an noch kleinen, in der Entwicklung befindlichen Früchten. Das den infizierten Gewebebereichen benachbarte Fruchtgewebe wächst weiter, dadurch kommt es zu kraterförmigen Rissen und Fruchtdeformationen. Über die so entstandenen großen Verletzungen dringen leicht sekundäre Fäuleerreger ein. Vom Frühschorf betroffene Früchte fallen meist vorzeitig ab.

Werden die Früchte erst nach Erreichen der endgültigen Fruchtgröße infiziert, entstehen lediglich verkorkende, braune bis graue Flecken auf der Fruchtschale. Diese reißt zwar nicht mehr auf, die **Lagerfähigkeit** der Früchte ist dennoch stark eingeschränkt. Im Hausgarten sind solche im Geschmack nicht beeinträchtigten Früchte uneingeschränkt für den sofortigen Verzehr geeignet. Lagerschorf entsteht durch eine Kontamination der Früchte mit Sporen unmittelbar vor oder während der Ernte. Die bei der Einlagerung symptomlosen Früchte entwickeln im Lager schwarz glänzende, etwas eingesunkene Flecken und werden in der Folge sehr schnell von Fäulniserregern befallen.

Monilia-Fruchtfäule an Kern- und Steinobst

Im Sommer und Herbst verursachen *Monilia*-Pilze umfangreiche Fäulen an den Früchten, während sie im Frühjahr als Triebsterben-

Blatterkrankungen, die auch die Früchte befallen

Krankheit	Wirtspflanze	Schaden an der Frucht	Bemerkungen
Echte Mehltaupilze	Stachelbeere, Pfirsich, Gurke	Beläge, Früchte geschmacklos	Sortenwahl
Apfelschorf	Apfel	abhängig vom Infektionszeitpunkt Fäulen oder nur verringerte Lagerfähigkeit	Sortenwahl
Kirschenschorf	Kirsche	einseitige Fruchtentwicklung, sekundäre Fäulen	Blattsymptome meist unbedeutend
Pseudomonas juglandis	Walnuss	schwarze Flecken auf dem Exocarp, Fäule des Kerns	infiziertes Falllaub entfernen
Braunfäule	Tomate	Weichfäule	Tomatendach
Fettfleckenkrankheit	Bohne	glasige Flecken auf den Hülsen, sekundäre Fäulen	Sortenwahl

erreger schädigen. Besonders verletzte Früchte werden befallen. Die Verletzungen entstehen durch Hagel, Vögel, Wespen oder andere Insekten wie Fruchtwickler-Arten. Dichte Kronen erhöhen die Gefahr einer Infektion, da die Früchte dann nur langsam abtrocknen. Starker Fruchtbehang ermöglicht es dem Erreger, von infizierten Früchten auf direkt benachbarte, gesunde Früchte überzuwachsen.

Auf den nassfaulen Früchten bilden sich bald auffällige, etwa 2 mm große, graubraun gefärbte Pusteln, die aus den Konidienträgern des Pilzes bestehen. Die kreisförmige Anordnung der Pusteln ist bei größeren Früchten besonders gut zu erkennen. Werden infizierte, aber noch keine Symptome zeigende Apfel- oder Birnenfrüchte eingelagert, entwickelt sich eine Trockenfäule; die Früchte werden schwarz.

- Einem Befall lässt sich im Hausgarten mit zahlreichen Kulturmaßnahmen vorbeugen. Das Fallobst muss eingesammelt werden, um die dort stattfindende Sporenbildung zu verhindern. Ebenso muss man spätestens im Winter alle noch in den Baumkronen haftenden Fruchtmumien entfernen.

- Wer befallene Früchte über den häuslichen Kompost entsorgen will, muss sie dort eingraben, damit sich der Erreger nicht weiterentwickelt.

- Ein lockerer Kronenaufbau der Obstbäume ermöglicht ein schnelleres Abtrocknen nach Regenfällen, die Infektionsgefahr wird dadurch reduziert.

- In Jahren mit starkem Fruchtbehang sollte frühzeitig ausgedünnt werden, um ein Überwachsen des Erregers an den Kontaktstellen der Früchte zu verhindern.

- Gelingt es, Verletzungen der Fruchtschale zu vermeiden, kommen deutlich seltener Fruchtinfektionen vor. Dazu gehört in erster Linie die Bekämpfung von Fruchtwickler-Arten bei Apfel und Pflaume. *Monilia*-Fruchtfäulen bei Kirschen und Pflaumen lassen sich auch durch Fungizid-Spritzungen zum Zeitpunkt der Fruchtumfärbung verhindern.

◀ **Noch kurz vor der Ernte kann die Monilia-Fruchtfäule die fast reifen Äpfel, Birnen, Quitten, Pflaumen oder Kirschen befallen. Berühren sich die Früchte, wächst der Pilz rasch auf die gesunde Frucht über.**

Narren- oder Taschenkrankheit

In manchen Jahren reifen die Früchte von Zwetschgen und Pflaumen, aber auch von Schlehen scheinbar schneller und werden größer, auch ihre Form weicht stark von der sortentypischen Gestalt ab. Der Pilz *Taphrina pruni* produziert ein Phytohormon, das die Fruchtentwicklung beeinflusst. Dadurch nehmen die sich rasch entwickelnden Früchte meist eine lang gestreckte, flachgedrückte und gekrümmte Form an. In der befallenen Frucht befindet sich kein Kern oder er ist nur im Ansatz erkennbar. Später wird die Fruchtschale von einem weißgrauen, aus den Schläuchen des Pilzes bestehenden Belag überzogen, der zunächst an einen Befall durch Echten Mehltau erinnern könnte. Im Laufe des Sommers schrumpeln die Früchte ein, verfärben sich braun, beginnen zu faulen und fallen zum Teil ab.

Der direkte Schaden beschränkt sich auf die Früchte, selten befällt der Erreger auch Blätter und

▲ **Von der Narren- oder Taschenkrankheit befallene Pflaumen werden größer und nehmen zuweilen skurrile Formen an. Die deformierten Früchte sollten unbedingt abgeerntet und vernichtet werden.**

Triebe, an denen es ebenfalls zu Verformungen kommt. Die Infektion erfolgt unmittelbar vor und während der Blüte der anfälligen *Prunus*-Arten. Besonders starke Schäden sind dann zu erwarten, wenn in diesem Zeitraum kühlfeuchte Witterung herrscht. Der Erreger überdauert vor allem auf den noch in den Baumkronen haftenden oder auf dem Boden liegenden Früchten. Er kann aber auch an den Trieben überwintern, wo er von abgestorbenem Pflanzenmaterial lebt.

- Die infizierten Früchte in der Krone oder auf dem Boden müssen frühzeitig und gewissenhaft abgesammelt werden. Damit wird das Infektionspotenzial für die Sekundärinfektionen an den Trieben reduziert. In der Folge sinkt der Infektionsdruck im nächsten Frühjahr deutlich ab.
- Für eine direkte Bekämpfung im Haus- und Kleingarten sind derzeit keine Fungizide zugelassen. Spritzungen mit dem Pflanzenstärkungsmittel NeudoVital während der Blütezeit können die Infektionen deutlich reduzieren.
- Die Sorten sind unterschiedlich anfällig: Mirabellen, Renekloden und die Sorten 'Bühler Frühzwetschge' oder 'President' werden weniger befallen, stark anfällig ist dagegen die 'Hauszwetschge'.

Grauschimmel an Früchten

In feuchten Jahren verursacht der Grauschimmelpilz (*Botrytis cinerea*) Fruchtfäulen an Weintrauben, Kirschen, Erdbeeren oder anderen weichfleischigen Früchten. Besonders gefährdet sind Früchte, die Verletzungen durch Wespenfraß oder Hagel aufweisen. Der Grauschimmelpilz bevorzugt feuchte und kühle Witterung, der Erreger produziert unter diesen Bedingungen laufend Massen von Konidien, die für die weitere Verbreitung verantwortlich sind. Befallene Früchte zeigen einen auffälligen grauen Belag.

- Am Haus als Spalier gepflanzter Wein ist von Botrytisfäule deutlich weniger betroffen, da er durch den Dachüberstand einen gewissen Schutz vor Regen genießt. Frei im Garten an Spalieren gezogene Weinreben oder Steinobstbäume müssen ausgelichtet werden, damit die Früchte nach Regenfällen oder Taubildung rasch abtrocknen.
- Erdbeeren sollten nach dem Gießen oder nach Regenfällen zügig abtrocknen. Strohunterlagen bieten Schutz vor der Bodenfeuchte. Wer frühmorgens gießt, gewährleistet ein rasches Abtrocknen der nassen Früchte. Fungizide können die Ausbreitung des Grauschimmels zwar bremsen, sie müssten aber bis kurz vor der Ernte eingesetzt werden.

Kirschfruchtfliege

Ein Besatz durch Kirschfruchtfliegen (*Rhagoletis cerasi*) wird bei der Ernte oft noch gar nicht bemerkt. Erst wenn bei der Verwertung die weißen Maden zum Vorschein kommen, wird der ganze Schaden deutlich. Häufig ist die gesamte

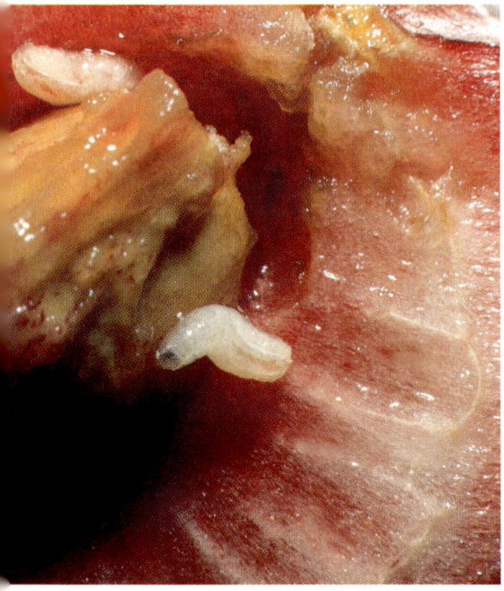

◀ **Die Larven der Kirschfruchtfliege fressen im Fruchtfleisch, besiedelte Kirschen faulen bald. Der Schädling kann auch Früchte wild wachsender Gehölze wie der Heckenkirsche besiedeln. Dort baut sich manchmal unbeobachtet eine große Population auf!**

Ernte nicht mehr zu verwenden oder ein enorm großer Putzaufwand wird nötig.

Die Kirschfruchtfliege ist etwa 5 mm lang und ähnelt einer Stubenfliege. Die Fliegen erscheinen im Frühjahr und suchen Kirschen oder andere Früchte wie Heckenkirschen auf, die sich gerade gelb verfärben. Dort legen sie ihre Eier ab, aus denen die weißen, beinlosen, später bis 4 mm langen Maden schlüpfen. Diese fressen im Fruchtfleisch, oft in der Nähe des Kerns. Die Larven verzehren zwar nicht sehr viel vom Fruchtfleisch, doch durch die Verletzung der Kirschen dringen rasch Fäuleerreger ein, so dass die ganze Frucht fault. Nach drei bis vier Wochen verlassen die Maden die Kirschen und wandern in den Boden ab, wo sie sich verpuppen. Es entwickelt sich nur eine Generation im Jahr.

↗ Eine direkte Bekämpfung der Kirschfruchtfliege durch den Einsatz von Insektiziden scheitert im Hausgarten oft an der Größe der Bäume und an der Schwierigkeit, den optimalen Bekämpfungstermin exakt zu bestimmen.

↗ Besiedelte Früchte müssen vollständig abgeerntet und vernichtet werden, um den Populationsaufbau zu bremsen.

↗ Die gelben Leimtafeln, die als Kirschfruchtfliegenfallen im Handel erhältlich sind, halten zumindest einen Teil der Fliegen von den reifenden Früchten fern. Diese biotechnische Methode kann aber nur dann gut wirken, wenn eine ausreichend große Anzahl Fallen eingesetzt wird und sie in allen Bäumen der Nachbarschaft aufgehängt werden. Steht der eigene Kirschbaum in unmittelbarer Nachbarschaft zu nicht behandelten Kirschbäumen, werden zwar viele Fruchtfliegen angelockt und verenden auf den Leimtafeln, es finden aber immer noch ausreichend viele Fliegen den Weg zu den Kirschen!

Wicklerraupen

An Äpfeln, Pflaumen und Weintrauben können verschiedene Wickler-Arten (*Tortricidae*) große Schäden an den Früchten verursachen. Ihre Raupen fressen an oder in den Früchten und entwerten bei Massenvermehrungen oft einen großen Teil der Ernte.

An Äpfeln verursacht in der Regel der **Apfelwickler** (*Laspeyresia pomonella*) die größten Schäden. Seine Raupen sind für die bekannten „wurmigen“ Äpfel verantwortlich. Der Apfelwickler kann auch Birnen, Pfirsiche und sogar Walnüsse besiedeln, die Schäden sind hier meist wesentlich geringer. Besiedelte Früchte sind an den Einbohrstellen mit oft rötlich verfärbtem Rand oder später an den austretenden Kotkrümeln zu erkennen. Die Raupen verletzen die Fruchtschale, dadurch kommt es häufig zu Fruchtfäulen, die schließlich die ganze Frucht entwerten.

Die Falter der ersten Generation schlüpfen etwa im Mai aus ihren Kokons und legen ihre Eier an die

▼ **Die Raupen des Pflaumenwicklers fressen das Fruchtfleisch der fast reifen Pflaumen. Durch die Verletzung der Fruchtschale können Fäulepilze besonders leicht eindringen und den Schaden merklich vergrößern.**

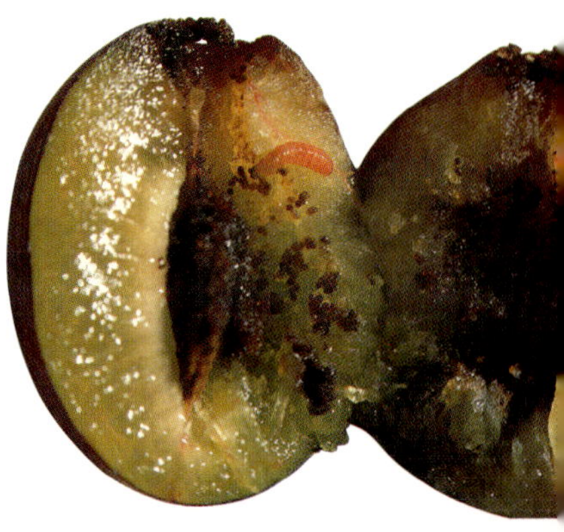

Weitere Wicklerraupen an Früchten

Wirtspflanzen	Wicklerart	Biologie	Bemerkungen
Apfel, Birne	Apfelschalenwickler (*Adoxophyes orana*)	2 Generationen, größere Raupen fressen an Früchten und verursachen flache Fraßmulden, Raupen überwintern, auch Blattfraß	im Hausgarten selten bekämpfungswürdig
Pflaume, Schlehe	Pflaumenwickler (*Grapholita funebrana*)	ähnlich wie beim Apfelwickler, 2 Generationen	zweite Generation schädlich, Obstmadenfanggürtel
Wein	Einbindiger Traubenwickler (*Eupoecilia ambiguella*)	2 Generationen, Raupen der ersten Generation fressen an Blüten und Knospen, Raupen der zweiten Generation fressen Früchte aus	im Weinbau werden Pheromone zur Verwirrung eingesetzt (männliche Falter finden die Weibchen nicht mehr)

noch sehr kleinen Früchte. Die daraus schlüpfenden hellen Räupchen bohren sich in das Fruchtfleisch ein und fressen einen Gang bis zum Kernhaus. Der Schaden durch die Raupen der ersten Generation fällt oft gar nicht auf, da ihre Entwicklung mit dem natürlichen Fruchtfall zusammenfällt. Nach etwa drei Wochen verlassen die Raupen die Früchte und suchen sich einen geschützten Platz am Stamm. Dort spinnen sie einen Kokon, in dem sie sich verpuppen. Bald schlüpft die zweite Faltergeneration und belegt etwa im August die inzwischen recht großen Früchte mit ihren Eiern. Die daraus schlüpfenden Raupen verursachen den wirtschaftlichen Schaden. In sehr warmen Gegenden oder in extrem warmen Jahren können sich sogar drei Generationen im Jahr entwickeln. Die Raupen der letzten Generation überwintern in einem Kokon am Stamm, wo sie sich im nächsten Frühjahr verpuppen.

↗ Die Bekämpfung des Apfelwicklers geschieht im Hausgarten zunächst, indem man besiedelte Früchte gewissenhaft absammelt. Wellpapperinge sind als „Obstmaden-Fanggürtel" im Handel erhältlich: Die Raupen nutzen sie als Verpuppungsort. Dazu müssen die Wellpappegürtel etwa im Juli an den Stämmen angebracht und dann regelmäßig kontrolliert werden. Sind zahlreiche Zellen mit den Puppenkokons besetzt, nimmt man die Wellpappegürtel ab und vernichtet sie. Diese Maßnahme muss immer dann, wenn wieder eine Raupengeneration zur Verpuppung ansteht, wiederholt werden.

↗ Die direkte Bekämpfung mit Insektiziden ist nur dann sinnvoll, wenn die Flugzeit der Falter genau bestimmt werden kann. Dafür eignen sich Pheromonfallen. Der Boden dieser zeltförmigen, mit einem artspezifischen Lockstoff bestückten Fallen ist beleimt, so dass die angelockten männlichen Falter auf den Klebeböden verenden. Sind zahlreiche Wicklerfalter in den Fallen zu finden, ist der richtige Zeitpunkt zum Einsatz von Insektiziden gekommen.

↗ Inzwischen bieten die Nützlingszüchter auch Schlupfwespen-Arten (*Trichogramma*) an, die man während des Falterfluges im Garten aussetzt. Die Schlupfwespen legen je ein Ei in die Eier von Apfelwickler oder Apfelschalenwickler. Die Wespenlarve ernährt sich vom Schädlingsei, das sich nicht mehr entwickeln kann. Auch Pflaumenwickler werden durch den Einsatz von Schlupfwespen biologisch bekämpft.

Haselnussbohrer

An Haselnüssen schädigt manchmal der Haselnussbohrer (*Curculio nucum*). Der kleine Käfer mit dem sehr langen und dünnen Rüssel nagt etwa im Juni ein Loch in die noch weiche Fruchtschale und legt ein Ei in das Innere der Nuss. Die weiße Larve frisst am Kern, nach einigen Wochen verlässt sie die

Nuss durch das jetzt etwa 2 mm große Loch in der Schale. Die Larven graben sich im Boden ein, wo sie überwintern und sich im nächsten Frühjahr verpuppen.

- Im Garten sollte man die Haselnusssträucher während der Fruchtentwicklung regelmäßig kontrollieren. Sind Nüsse mit Bohrlöchern vorhanden, sollte man sie vernichten, um einen weiteren Populationsaufbau zu verhindern.

- Da sich die Larven zur Überwinterung lediglich etwa 10 cm tief in den Boden eingraben, kann eine intensive Bodenbearbeitung im Winter die Population dezimieren.

Eichenknoppern-Gallwespe

Sehr auffällige und ungewöhnlich gestaltete Gallen an Eicheln bewirkt die Eichenknoppern-Gallwespe (*Neuroterus quercuscalicis*). Es entstehen große Wucherungen, die an Walnusskerne erinnern.

Die etwa 0,5 cm großen, ungeschlechtlichen Weibchen legen im zeitigen Frühjahr ihre Eier in die männlichen Blütenkätzchen der Zerr-Eiche. Hier entwickelt sich in unscheinbaren, nur etwa 1 bis 2 mm großen Gallen die bisexuelle Generation. Schon im Mai schlüpfen die deutlich kleineren, 1 bis 2 mm großen, männlichen und weiblichen Wespen. Nach der Begattung legen die weiblichen Wespen ihre Eier an die sich entwickelnden Früchte zwischen Eichel und Fruchtbecherwand der Stiel-Eiche. Durch larveneigene Ausscheidungen wird das Gewebe zu starken Wucherungen angeregt. Im Inneren der 2 bis 3 cm großen Gallen lebt jeweils eine Gallwespenlarve. Im Sommer werden die Gallen klebrig, im Spätsommer beginnen sie zu verholzen und werden braun. Die Gallen fallen im Herbst ab, die Larven verpuppen sich im Spätherbst und überwintern am Boden.

Haben Eichenknoppern-Gallwespen die Eicheln besiedelt, sind die sich entwickelnden Früchte kaum mehr als Eicheln zu erkennen. Die abgefallenen harten und scharfkantigen Eicheln können sich beim Barfußgehen auf der Wiese schmerzhaft bemerkbar machen!

- Im Hausgarten ist das Auftreten der Eichenknoppern-Gallwespe eher als interessante Erscheinung zu betrachten. Werden die abgefallenen besiedelten Eicheln aufgesammelt, kann sich keine nennenswerte Population entwickeln.

Wespenfraß

- Wespenfraß an Weintrauben lässt sich durch das Anbringen von Netzen verhindern. Diese müssen engmaschiger als die Vogelschutznetze sein und vollkommen dichten Schutz ohne Schlupflöcher gewährleisten.

- Wespen kann man fangen: Dazu werden Fallen verwendet, die mit zuckerhaltigen Flüssigkeiten gefüllt werden. Die Wespen dringen in die Falle ein, können sie aber durch die spezielle Bauart nicht mehr verlassen und verenden. Beobachtungen haben aber gezeigt, dass die reifen Beeren oft attraktiver für die Wespen sind als die verwendete Köderflüssigkeit.

Konkurrenzpflanzen

Stauden und Gehölze kümmern, wenn unerwünschter Bewuchs zu Licht-, Wasser- und Nährstoffkonkurrenz führt. Eine Unkrautbekämpfung wird vor allem in niedrigen Gartenkulturen wie im Sommerblumen-, Stauden- oder Gemüsebeet erforderlich, damit sich Zier- oder Nutzpflanzen zufriedenstellend entwickeln. Ein unkrautfreier Rasen ist ohne sehr hohen Pflegeaufwand und regelmäßigen Einsatz von Unkraut-Bekämpfungsmitteln nicht zu erreichen.

Unkraut siedelt sich nur dort an, wo Lücken in der Pflanzung vorhanden sind. Dichte Unterpflanzungen mit konkurrenzstarken bodendeckenden Stauden lassen nur wenigen Unkräutern ausreichend Lebensraum. Wenn die Gartenkonzeption es zulässt, meidet man unbewachsenen Boden und bedeckt die Fläche zwischen den Pflanzen mit geeigneten Mulchmaterialien.

Meist wird dazu Rindenmulch verwendet, der das Auskeimen zufliegender Unkrautsamen fast unmöglich macht. Rindenmulch bringt man in Staudenpflanzungen immer nur in recht dünner Schicht aus, zwischen Gehölzen und unter Hecken sind bis 10 cm dicke Auflagen möglich. Vor dem Ausstreuen muss ein langsam fließender Stickstoffdünger (z. B. Hornspäne) ausgebracht werden. Ansonsten kann es zu Mangelerscheinungen an den Pflanzen kommen, weil bei der Umsetzung des Rindenmulchs Stickstoff festgelegt wird.

Neben Rindenmulch eignen sich Falllaub, Strauchhäcksel oder mineralische Materialien wie Lavagranulat zum Abdecken des Bodens. Neben der Unkraut hemmenden Wirkung haben Mulchmaterialien noch zahlreiche andere Vorteile: Der Boden trocknet nicht so schnell aus, die Bodentemperaturen schwanken weniger stark, das Bodenleben wird durch das gleichmäßigere Klima gefördert. Die organischen Mulchmaterialien erhöhen darüber hinaus langfristig den Humusanteil des Bodens und verbessern so die Bodenstruktur.

Im Hausgarten sollte sich die direkte Unkrautbekämpfung auf Jäten oder Hacken beschränken.

◄ **Nehmen die Unkräuter im Rasen überhand, muss zuerst die Ursache für die geringe Konkurrenzkraft der Gräser gefunden werden. Manchmal lohnt es sich zu überlegen, ob im Hausgarten unbedingt ein Rasen ohne jeglichen Kräuterbewuchs erforderlich ist.**

Moos bildet sich häufig an schattigen, feuchten Stellen im Rasen. Im Handel gibt es für solche Plätze spezielle Schattenrasenmischungen, doch auch sie gedeihen nur auf gut vorbereitetem oder gut gepflegtem Boden.

Hackarbeiten führt man nach Möglichkeit bei trocken-warmer Witterung durch, die herausgehackten Unkräuter vertrocknen dann rasch. Am wirkungsvollsten ist das Hacken, wenn erst Sämlinge oder kleine Unkräuter vorhanden sind, auf jeden Fall muss eine Bekämpfung erfolgen, bevor die Unkräuter Samen angesetzt haben. Größere Unkrautpflanzen müssen gejätet werden, dabei wird ein möglichst großer Teil der Wurzel mit entfernt.

Handelt es sich um **Wurzelunkräuter**, die sich durch Rhizome im Boden ausbreiten, dürfen die Beete nicht gehackt oder gefräst werden. Solche Unkrautarten müssen vorsichtig herausgezogen werden. Ist dies nicht möglich, können systemisch wirkende **Herbizide** eingesetzt werden. Jedoch wirken die im Haus- und Kleingarten ausgewiesenen Herbizide nicht selektiv, das heißt, alle vom Spritznebel getroffenen Kulturpflanzen sterben ebenfalls ab oder werden stark geschädigt. Solche Herbizide müssen deshalb mit einem Spritzschirm ausgebracht werden. Hat man es mit einem dichten, verunkrauteten Bestand zu tun, kann man das **Dochtstreichverfahren** mit Glyphosat anwenden.

Wenn übermäßiger **Unkraut- oder Moosbewuchs im Rasen** zu beklagen ist, muss geklärt werden, warum die unerwünschten Pflanzenarten im Übermaß wachsen. Insgesamt müssen sich die Wachstumsbedingungen für die Rasengräser verbessern. Durch Vertikutieren wird der Rasenfilz aus abgestorbenen Pflanzenteilen entfernt. Vor allem bei Rasenflächen auf schweren Böden kann das Aerifizieren zu einem verbesserten Gräserwachstum führen. Dabei wird die Bodenschicht perforiert und die entstandenen Löcher werden mit grobem Sand verfüllt. Dies bewirkt eine bessere Sauerstoffversorgung der Gräserwurzeln, Überschusswasser fließt schneller ab.

Zur Bekämpfung von Unkräutern in Rasenflächen stehen verschiedene Präparate zur Verfügung, die nur die Zweikeimblättrigen Pflanzen schädigen und zur Beseitigung von Moosbewuchs gibt es spezielle Moosvernichter.

Wenn gallertartige oder fadenförmige Algenarten oder Flechten im Rasen wachsen und die Rasengräser zu ersticken drohen, müssen sie herausgekratzt werden. Danach gilt es, die Durchlässigkeit des Bodens zu verbessern. Nach dem Entfernen von Unkräutern, Moos, Algen oder Flechten müssen größere Kahlstellen sofort nachgesät werden, da sich dort sonst sehr schnell wieder unerwünschte Pflanzen ansiedeln. ■

Auffällig, aber nicht schädlich!

Gegen manche auffällige Erscheinung im Garten wird unnötigerweise vorgegangen, obwohl keine Schäden an Pflanzen zu befürchten sind.

Flechten und Algen

An Stamm und Ästen von Gehölzen sind manchmal auffällig gefärbte, krustenartige Überzüge zu finden. Sie befinden sich meist einseitig an den Stämmen oder nur in bestimmten, mikroklimatisch besonders günstigen Bereichen der Krone. Es handelt sich dabei um Flechten, eine Symbiose aus Pilz und Alge. Sie können sich nur dort dauerhaft halten, wo sie nicht der Konkurrenz durch Höhere Pflanzen ausgesetzt sind.

Flechten besiedeln unterschiedliche Oberflächen, dringen aber nicht in die Unterlage ein. Nur wenn Nadeln oder Blätter immergrüner Gehölze besiedelt werden, können Flechten die Assimilationsleistung verringern und letztendlich zum Absterben der besiedelten Nadeln oder Blätter führen. Flechtenbewuchs auf der Borke hat jedoch keinen Einfluss auf das Pflanzenwachstum.

Flechten sollte man im Garten als ästhetische und ökologische Bereicherung betrachten und bei Pflegearbeiten schonen.

Rötlich braune, dünne Beläge findet man manchmal an einer Seite an Baumstämmen. Die besiedelte Fläche vergrößert sich meist in den Herbst- und Frühjahrsmonaten, im Hochsommer können die Beläge ganz verschwinden. Es handelt sich dabei um Algen, die besonders unter sehr luftfeuchten Bedingungen auftreten, aber wie die Flechten keinerlei Einfluss auf das Pflanzenwachstum haben.

Hutpilze

Auf Rasenflächen und in Pflanzbeeten brechen vor allem bei feuchter Witterung gelegentlich sehr viele hutförmige oder anders gestaltete Fruchtkörper von Pilzen hervor. Dabei handelt es sich meist um ausschließlich saprophytische Pilzarten, die abgestorbenes organisches Material zersetzen. Diese Pilze finden auf den heute oft verwendeten holz- oder rindenhaltigen Substraten optimale Lebensbedingungen vor und erfüllen eine wichtige Aufgabe im natürlichen Kreislauf der Natur. Mit zunehmendem Abbau des organischen Materials im Boden verändert sich das Artenspektrum der auftretenden Pilze, langfristig verschwinden diese Pilze wieder.

◀ Flechten schädigen die von ihnen besiedelten Gehölze nicht. Flechten sind kein einheitlicher Organismus, sie bestehen immer aus einem Pilz und einer Alge, die voneinander profitieren (sie leben in Symbiose).

▶ **Hexenringe entstehen durch verschiedene Pilzarten. Sie schädigen die Rasengräser höchstens indirekt, wenn das von den Pilzfäden durchwachsene Erdreich nur noch schwer Wasser aufnehmen kann.**

Wurden Gehölze im Garten gefällt und hat man deren Wurzeln im Boden belassen, brechen solche Fruchtkörper oft entlang der sich zersetzenden Wurzelstränge aus dem Boden hervor. In solchen Fällen werden sich über einen längeren Zeitraum hinweg Pilzfruchtkörper entwickeln, weil die Zersetzung dieses groben Materials entsprechend lange dauert. In beiden Fällen mögen die Hutpilze den optischen Eindruck des Gartens stören, Maßnahmen sind aber nicht gerechtfertigt.

Einen gewissen Schaden können die so genannten **Hexenringe** hervorrufen. Dabei brechen hutförmige Pilze mehr oder weniger kreisförmig angeordnet aus dem Boden hervor, bevorzugt in Rasenflächen. Der Radius dieser Ringe nimmt von Jahr zu Jahr zu, da sich der Pilz ausgehend von der ursprünglichen Besiedlungsstelle jedes Jahr etwas weiter ausbreitet; die auffälligen Fruchtkörper entstehen nur am Rand der Besiedlungsfläche. Viele Arten beeinflussen das Wachstum der Gräser überhaupt nicht und bilden bei feuchten Witterungsbedingungen nur ihre meist kurzlebigen Fruchtkörper aus.

Einige Arten scheiden aber auch Stoffe aus, die das Gräserwachstum kurzfristig hemmen, so dass vorübergehend kreisförmige Kahlstellen im Rasen entstehen. Andere Arten fördern dagegen sogar das Gräserwachstum durch eine zusätzliche Stickstoff-Freisetzung, was an einem Ring aus intensiv grün gefärbten Gräsern zu erkennen ist.

Das wasserabweisende Mycel im Boden kann allerdings dazu führen, dass der Boden im besiedelten Bereich nur noch sehr schwer Wasser aufnehmen kann und so das Gräserwachstum negativ beeinflusst wird. Abhilfe ist nur durch eine **intensive Lockerung** des Bodens möglich.

Feuerwanzen

Besonders in den Frühjahrsmonaten sind im Garten manchmal sehr viele auffällig bunte Feuerwanzen (*Pyrrhocoris apterus*) zu finden. Mit Hilfe artspezifischer Pheromone sammeln sich die Tiere in Massen auf dem Boden oder am Stammfuß von Bäumen. Die schwarzrot gezeichneten, bis etwa 1 cm großen Wanzen überwintern als erwachsene Tiere unter Laubstreu und erscheinen bei ansteigenden Temperaturen. Die Begattung kann viele Stunden andauern, man findet dann zwei Wanzen mit dem Hinterleib aneinandergeheftet.

Feuerwanzen legen ihre Eier in den Boden ab. Erwachsene Tiere und ihre ebenfalls auffällig rot gefärbten Larven besaugen Samen von Linden, Malven und anderen Pflanzenarten. Es handelt sich aber nicht um Pflanzenschädlinge.

Blattschneiderbienen

Die meist solitär lebenden Blattschneiderbienen (*Megachilidae*) fertigen kunstvolle Brutkammern aus Blattstücken. Die verschiedenen Arten haben sich teilweise auf bestimmte Pflanzenarten oder Pflanzenteile spezialisiert, sie benutzen zum Bau der Brutkammern sowohl Blattteile als auch Blütenblatt-Ausschnitte.

Die Rosenblattschneiderbiene (*Megachile centuncularius*) sammelt ihr Baumaterial für die Brutkammern vor allem an Rosen, auch Felsenbirne, Goldregen, Flieder und andere Ziersträucher zeigen manchmal die auffälligen Blattschäden. Aus der Blattspreite werden wie mit einer Schere oft halbkreis- oder kreisförmige Blattteile herausgeschnitten. Die Insekten verwenden sie zum Bau mehrkammeriger Brutröhren in hohlen Stängeln oder Mauerwerk. Die Bienen versorgen die Brutkammern dann mit Nahrungsvorrat aus Nektar und Pollen und legen ein Ei hinein. Das an den Blättern verursachte Symptom ist zwar auffällig, das Pflanzenwachstum wird aber nicht beeinträchtigt, so dass sich Bekämpfungs-Maßnahmen erübrigen.

Efeu an Bäumen

In älteren Gärten sieht man häufig große Bäume, die bis in die Krone hinein mit Efeu bewachsen sind. Ob der von der Kletterpflanze Efeu bewachsene Baum darunter leidet, lässt sich nicht pauschal beantworten. Einen direkten Schaden erleidet der Baum nicht, da seine Borke lediglich als Unterlage für die Haftwurzeln des Efeus dient, sie wachsen aber nicht in den Stamm ein. Allerdings ist bei der Pflege der Bäume zu berücksichtigen, dass der Baum und die in unmittelbarer Stammnähe wurzelnden Efeupflanzen um Wasser und Nährstoffe konkurrieren müssen. Bei lückenlosem Bewuchs am Stamm übersieht man leicht Faulhöhlen oder andere Defektsymptome! Nach einigen Jahren bildet der Efeu seine Altersform aus und entwickelt frei wachsende Triebe ohne Haftwurzeln, die umfangreiche Kronen bilden können. Dadurch kann sich eine erhebliche Lichtkonkurrenz für Kronenpartien des Baumes entwickeln, die dadurch kümmern oder absterben können. Nicht zuletzt muss die zusätzliche mechanische Belastung für den Baum beachtet werden, insbesondere im Winter, wenn Nassschnee oder Eisregen auf den immergrünen Efeupflanzen zu enormen Zusatzbelastungen für den Baum führen können. ■

▶ **Die leuchtend rot und schwarz gefärbten Feuerwanzen und ihre Larven sind meist in großer Zahl an den ersten warmen Frühjahrstagen im Garten zu finden. Unmittelbar am Sitzplatz werden sie höchstens lästig, Schäden an Pflanzen verursachen sie nicht.**

Serviceteil

Neben guter Fachliteratur sollte man die vielfältigen aktuellen Angebote im Internet nutzen, um sich über bestimmte Schaderreger oder Bekämpfungsverfahren zu informieren. Inzwischen bieten viele Hersteller von Pflanzenschutzmitteln sowie Versuchsanstalten und Gartenzeitschriften online-Hilfestellung bei der Bestimmung von Schadursachen an. In manchen Fällen reichen diese Informationen aus, um Schadursachen eindeutig bestimmen zu können. In komplizierteren Fällen ist aber eine Untersuchung der geschädigten Pflanze unter Berücksichtigung der individuellen Standortsituation im Garten erforderlich. Der erste Weg führt dann zum Gärtner, der entweder selbst die Ursache diagnostizieren oder Spezialisten für weitere Untersuchungen vermitteln kann. Über den aktuellen Stand der Zulassung von Pflanzenschutzmitteln informiert die Homepage des Bundesamts für Verbraucherschutz und Lebensmittelsicherheit: www.bvl.bund.de

Nützlingsanbieter

Nützlinge können entweder über die in den meisten Gartencentern erhältlichen Gutscheine der Firma Neudorff oder direkt bei zahlreichen Anbietern bestellt werden. Neben den genannten Adressen bieten auch zahlreiche Online-Shops für Gartenwaren Nützlinge an.

Biologische Beratung Ltd.
Hosemannstraße 8
10409 Berlin
Tel. 030 / 42800 - 840
www.biologische-beratung.de

Katz Biotech AG
An der Birkenpfuhlheide 10
15837 Baruth
Tel. 033704 / 675 - 10

Industriestraße 38
73642 Welzheim
Tel. 07182 / 93537 - 3
www.katzbiotech.de

Oere BioProtect
Kieler Straße 41
24223 Raisdorf
Tel. 04307 / 6981
www.nuetzlingsberater.de

re-natur GmbH
Charles-Roß-Weg 24
24601 Ruhwinkel
Tel. 04323 / 9010 - 0
www.re-natur.de

Sautter & Stepper
Rosenstraße 19
72119 Ammerbuch
Tel. 07032 / 9578 - 30
www.nuetzlinge.de

Weiterführende Literatur

Alford, D.: Farbatlas der Obstschädlinge. Ferdinand Enke Verlag, Stuttgart 1987.

Alford, D.: Farbatlas der Schädlinge an Zierpflanzen. Ferdinand Enke Verlag, Stuttgart 1997.

Böhmer, B. und Wohanka, W.: Farbatlas Krankheiten und Schädlinge an Zierpflanzen, Obst und Gemüse. Verlag Eugen Ulmer, Stuttgart 1999.

Bürki, M., Frutschi, B., Gut, P. und Schloz, W.: Bildatlas Pflanzenschutz an Zier- und Nutzpflanzen. Verlag Eugen Ulmer, Stuttgart 2007.

Butin, H., Nienhaus, F. und Böhmer, B.: Farbatlas Gehölzkrankheiten. Verlag Eugen Ulmer, Stuttgart 2003.

Crüger, G.: Pflanzenschutz im Gemüsebau. Verlag Eugen Ulmer, Stuttgart 1991.

Fortmann, M.: Das große Buch der Nützlinge. Franckh-Kosmos Verlag, Stuttgart 2000.

Kreuter, M.-L.: Pflanzenschutz im Biogarten. BLV Verlagsgesellschaft, München 2001.

Nienhaus, F. und Kiewnick, L.: Pflanzenschutz bei Ziergehölzen. Verlag Eugen Ulmer, Stuttgart 1998.

Veser, J.: Pflanzenkrankheiten erkennen und behandeln. Verlag Eugen Ulmer, Stuttgart 2008.

Wohanka, W.: Pflanzenschutz im Zierpflanzenbau. Verlag Eugen Ulmer, Stuttgart 2006.

Gartenpraxis. Verlag Eugen Ulmer, Stuttgart
Die Zeitschrift erscheint monatlich. Sie behandelt regelmäßig aktuelle Pflanzenthemen.
Jochen Veser ist Mitautor der Rubrik „Gartenprobleme“.

Register

Bibliografische Information der Deutschen Bibliothek
Die Deutsche Bibliothek verzeichnet diese Publikation in der Deutschen Nationalbibliografie; detaillierte bibliografische Daten sind im Internet über http://dnb.ddb.de abrufbar.

Bildquellen
Umschlag: Bodo Butz, Offenburg
Hans Reinhard, Heiligkreuzsteinach: Seite 8, 50.
Johannes-Christian Rost, Stuttgart: Zeichnungen.
Bernd Schaefer, Berlin: Seite 68, 70 links, 73, 74, 83 rechts, 87, 126, 142.
Klaus Schrameyer, Heilbronn: Seite 69 unten.
Jochen Veser, Korntal-Münchingen: Umschlagrückseite rechts und links, alle anderen Aufnahmen.

Wollgrasweg 41, 70599 Stuttgart (Hohenheim)
E-Mail: info@ulmer.de
Internet: www.ulmer.de

Lektorat: Agnes Pahler
Innenlayout: CYCLUS Visuelle Kommunikation, Stuttgart
DTP: CYCLUS Media Produktion, Stuttgart
Umschlaggestaltung: red.sign, Anette Vogt, Stuttgart
Druck und Bindung: Westermann Druck, Zwickau

Printed in Germany

ISBN 978-3-8001-5366-4